KB125292

제로 웨이스트 가드닝

b.read

제로 웨이스트 가드닝

CONTENTS

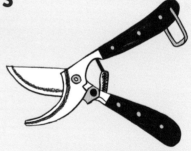

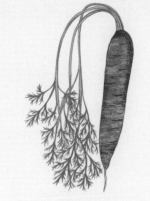

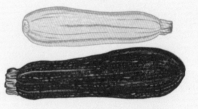

제로 웨이스트 가드닝의 원칙

지구가 이 많은 인구를 떠안고 언제까지 생명의 순환을 이어갈 수 있을까.
자원이 바닥날 위기에 처한 근래, 제로 웨이스트^{Zero-Waste}라는
단어가 유행처럼 쓰인다. 독자들에게 과일과 채소를 자급자족할 수 있다거나 탄소
발자국 제로를 실현할 수 있다는 등의 헛된 약속을 하지는 않겠다.
한 가족이 과일과 채소를 완벽하게 자급자족하려면 적어도
2만㎡(약 6000평)가 넘는 땅에서 농부처럼 농사를 지어야 하니 말이다.
나는 이 책에 마트에서 사온 식재료를 보완할 맛 좋은 과일이나
채소를 땀 흘려 키우는 재미와 수확하며 맛보는 보람
그리고 수확한 과일과 채소로 식탁을 차리는 기쁨을 누릴 방법을 담았다. 채소를
키워보면 우리 가족이 어느 정도 먹고 어느 정도가 남는지 감이 생기고,
이를 파악하면 식재료를 낭비 없이 활용할 수 있다.

나도 처음 텃밭 농사를 시작했을 때 도무지 감이 잡히지 않았다.
내 텃밭에 어떤 작물을 심을까? 주키니 모종은 몇 개나 필요할까?
감자를 심는 데 어느 정도의 공간이 필요할까? 인터넷을 아무리 뒤져도 텃밭 농사에
필요한 공간이나 수확량을 예측하는 방법은 제대로 나오지 않았다.
이런 곤란한 경험도 내가 이 책을 쓰기로 마음먹은 이유 중 하나다.

이 책은 바로 그런 방면에서 길잡이가 되고자 한다. 지난 25년간 직접 농사를 짓고
영국 최고의 농업인들과 만나며 알게 된 도움말을 실었다. 물은 얼마나 주는지,
병충해가 걱정되면 무엇을 챙겨야 하는지, 어느 계절에 어떤 작물을 키우면 가장
좋은지 등 자잘한 질문에 대한 답변을 실었다.

작물 키우기뿐 아니라 직접 채소와 과일을 키우기 시작하면
피해 갈 수 없는 문제인 잉여 농산물 대처도 소개했다. 하지만 남아도는 농산물을
저장하려면 냉동고를 하나 더 사야 한다든가, 손님방 하나 가득 씨앗 작물을
걸어놓아 가족들이 불평을 한다면 안타깝게도 그 문제는 내가 도와줄 수가 없다.

쓰레기는 어디서 생길까

기르기

발아하지 못한 씨앗 역시 쓰레기다. 씨앗을 사서 심고 키우는 작물의 생장 단계마다 수확물을 잃을 위험이 있다. 해충, 질병, 가뭄, 홍수, 잡초와의 경쟁 등 이 모든 것이 작물의 생장과 수확의 장애물이다. 그러나 텃밭을 가꾸는 기술이 발전하면 이런 쓰레기가 준다. 수확한 농산물을 버리는 것 없이 먹을 뿐 아니라 내 텃밭에서부터 제로 웨이스트를 실천하기 위해 할 수 있는 일은 뭐가 있을까? 텃밭이 없는 경우 텃밭 상자raised bed나 덩굴식물이 타고 오르도록 지지대가 되어주는 격자 구조물인 트렐리스trellis를 만드는 데 재활용 재료를 사용하고, 화석연료가 필요한 전동 농기구보다는 수동식 기구를 이용하는 것도 한 방법이다. 햇빛, 물, 퇴비 같은 재생 가능한 자원을 최대한 활용하면 우리의 농사가 환경에 끼치는 영향을 최소화할 수 있다.

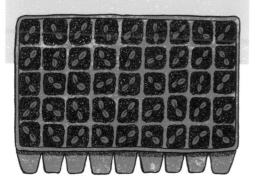

수확

시판 농산물은 바이어의 기준에 따라 등급이 나뉜다. 아무리 신선하고 맛이 좋아도 겉모양이나 크기 등의 이유로 등급에서 제외되는 일이 허다하다. 결국 농산물을 누가 구입하느냐에 따라 쓰레기의 양이 좌우된다. 예를 들어 내가 사는 지역의 생산자가 제철 농산물을 상자에 골고루 담아 판매할 경우 슈퍼마켓 바이어가 구매할 때보다 훨씬 쓰레기가 줄어든다. 가족이 먹을 농산물을 직접 키운다면 쓰레기를 거의 제로에 가깝게 줄일 수 있다. 손수 공들여 키운 농산물은 크기나 모양에 상관없이 어지간하면 다 먹지 않겠는가. 당근의 꼭지 부분이나 포도잎처럼 예전에는 먹을 생각도 못 했던 부위까지 알뜰히 조리해 농산물을 최대한 이용하면 쓰레기는 줄어들 것이다.

주방에서

음식을 남김없이 먹고, 냉장고 안에 무슨 재료가 얼마큼 남아 있는지 완벽하게 파악하면 쓰레기를 줄일 수 있다. 우리 부모님은 제2차 세계대전 직후 궁핍하던 시절에 식량 배급을 경험했기 때문에 나는 자랄 때 음식을 남기는 것을 상상도 할 수 없었다. 현재 지구가 처한 상황에서 농산물의 소중함을 생각한다면 그 시절의 미덕을 기억해야 할 것이다.

보관

농산물은 대부분 단 며칠이라도 보관이 필요하다. 사과나 감자 같은 작물은 팔리기 전에 몇 달씩 보관하기도 한다. 그런데 작물은 보관하는 동안 손상되기도 한다. 그래서 얼리고, 말리고, 피클로 만드는 등 각 작물의 특성에 맞게 저장하는 방법이 생겨났고, 그 덕에 식품을 장기간 보존할 수 있게 되었다.

알찬 가드닝을 위하여

한정된 공간에 무엇을 기를까? 내가 심은 작물은 얼마나 크게 자랄까? 한 그루에서 수확물이 얼마나 나올까? 직접 키운 작물이 정말 더 맛이 좋을까? 어떻게 해야 농산물을 최대한 소비할 수 있을까? 나는 이 책을 통해 이런 질문을 탐구해보고, 무심코 버렸지만 먹을 수 있는 작물의 부위, 손바닥만 한 텃밭일지라도 거기서 수확한 모든 것을 버리지 않고 최대한 활용하는 방법을 알아볼 것이다. 당근잎, 오이꽃, 산딸기 이파리 등 그간 몰라서 못 먹었던 식재료들을 다시 돌아보게 될 것이다.

공간과 효율

쓰레기를 최소화하며 농사를 지으려면 계획을 잘 짜야 한다. 여름철 장기간 집을 비울 예정이라면 그 기간에 열매를 맺는 작물은 키우지 않는 게 좋다. 작물마다 키우는 데 필요한 공간의 크기, 생산량 등을 알고 간작間作 혹은 사이 심기interplanting라고 부르는 농사법을 활용한다. 생장 기간이 긴 작물을 키우는 중간에 금방 자라는 작은 작물을 심는 방법이다. 텃밭의 효율을 높이는 담장이나 트렐리스에 키우는 식물도 살펴본다. 공간의 낭비 없이 작물이 적절한 크기로 잘 자라기 위해서는 어떤 간격으로 심는 것이 최선일지 알아보고, 식용 가능한 수확물을 얻을 수 있는 작물의 모종 또는

씨앗을 공짜로 구하는 방법이나 태양열과 빛을 낭비 없이 활용하는 법, 사용한 커피 가루와 같은 쓰레기로부터 영양분을 얻어내는 법 등도 찾아본다.

맛

직접 키워 먹는 농산물은 대부분 시판 농산물보다 맛이 좋다. 키우는 재미와 수확의 기쁨이 더해지기 때문이다. 그렇다면 직접 키웠을 때 맛이 훨씬 더 좋은 작물은 무엇일까? 수확과 동시에 신선도가 떨어지는 잎채소는 반드시 키워야 하는 품목이고, 토마토·옥수수·콩 등도 추천하는 작물이다. 또한 수확한 작물을 최상의 맛과 상태로 보존하기 위해 냉동·건조·발효·절임 등 효율적으로 저장하는 방법도 중요하다. 앞으로 이에 대해 소개할 예정이다.

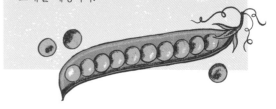

PART 1
공간과 효율

무엇을 어떻게 심을까? 농사는 본래 까다로운 과정이지만
초보자에겐 특히 어렵다. 땅이 빌 때마다 무언가를 심어
채우는 방법도 괜찮을 듯하지만 농사일은 길게 봐야 한다.

농사에 최적화된 건강한 땅을 마련하고, 사이 심기를 제대로 이해하면
작물을 잘 키울 수 있다. 쓰레기 없는 텃밭 농사는 최소의 인력과
자원으로 가능한 한 많은 햇빛과 수분을 확보해
최대한 많은 수확을 하는 데 달려 있다. 그리고 이렇게 거둔
농산물을 남김없이 다 먹는 것이 우리의 목표다.

농사일에서 가장 중요한 것은 계획이다. 어떤 작물이 어느 해,
어떤 날씨에 잘 자랐는지 기록하는 것 또한 자연을 이해하는 데
큰 도움이 된다. 이에 관해 간단하게나마 기록을 남겨둔다면
다음 해의 농사 계획을 짜는 데 중요한 자료가 된다.

수직 텃밭이나 연속적인 파종은 이중 파종(다른 작물이 자라는 흙에 두 번째
씨를 파종하는 것), 사이 심기와 마찬가지로 잡초를 줄이는 효과가 있다.
텃밭 주인의 경험과 솜씨, 날씨, 토양, 병충해뿐 아니라 작물 종류를
선택하는 요령도 수확량을 좌우한다.
작물별로 수확량에 영향을 미치는 요소는 책 Part 4에 실었다.

땅

원예나 농업 관련 책 중에는 땅을 파고 뒤집는 작업인 디깅digging, 특히 이를 반복하는 더블 디깅의 중요성을 강조하는 것이 많다. 더블 디깅은 힘쓰기 좋아하는 남자들이 생각해 낸 작업이 분명하다. 나는 힘들게 두 번이나 땅을 파고 고르기보다는 오히려 자연의 힘을 빌려 해결하는 편을 좋아한다. 노동력을 아낄 수 있으니 이 또한 낭비를 줄이는 농사법이라 하겠다.

작물을 키우거나 땅을 파서 흙을 흐트러뜨리면 두 가지 변화가 생긴다. 일단 토양 속 탄소가 공기에 노출되어 이산화탄소로 바뀌고 공기 중으로 퍼진다. 탄소는 흙 속에 남아 양분이 되어야 하는데, 탄소를 방출해버리니 식물에 이로울 리 없다. 또 흙을 뒤적이면 토양의 생물학적 균형이 무너질 뿐 아니라 이로운 곰팡이가 살아남기 힘들다. 곰팡이의 뿌리에 해당하는 균사는 무척 약해서 이런 물리적 방해에 매우 취약하다. 단, 당근이나 파스닙parsnip은 디깅이 꼭 필요하다. 이 두 작물은 싹을 잘 틔우려면 부드러운 토양이 필요하다. 하지만 그 외 대다수 작물은 디깅을 생략하거나 살짝만 해야 땅에서 발생하는 탄소 쓰레기(즉 이산화탄소)를 줄일 수 있다.

땅을 파고 뒤집는 작업의 대안으로 멀칭mulching이 있다. 멀칭은 경작지를 덮어 햇빛이 식물에 직접 닿는 것을 막는 방법이다. 새 경작지에 과일과 채소를 키우려면 그 땅에 원래 자라던 식물을 정리해야 하는데, 멀칭을 하면 그 안에 갇힌 잡초가 죽거나 쇠약해져 제거하기 쉽다. 멀칭에는 보통 비닐 소재를 이용하지만 종이 박스도 가능하다. 박스의 테이프를 전부 제거한 후 편편하게 펼쳐 경작지에 덮는다. 박스로 덮기 전에 남아 있는 식물들은 가능한 한 짧게 자른다. 나는 햇빛을 제대로 차단하려고 박스 종이를 보통 두세 겹 덮는다. 박스가 날아가지 않도록 고정하는 작업도 필요하다. 이때 돌이나 무거운 물건으로 눌러도 되지만, 가장 좋은 방법은 퇴비나 나뭇조각 같은 무거운 유기물로 고정하는 것이다. 이렇게 하면 멀칭에 사용한 비닐이나 종이 박스를 잘 눌러줄 뿐 아니라 토양의 양분이라 할 수 있는 탄소를 더욱 풍부하게 가두어 작물 생장에 도움이 된다. 가능하다면 멀칭은 봄철 농사 계획을 세우기 전에 미리미리 하는 것이 좋다. 하지만 시기를 조금 놓쳤다고 해도 아쉬워하지는 말자. 한두 달이라도 멀칭한 땅은 농사가 훨씬 쉽다. 유실수나 커다란 작물을 심을 때는 덮어둔 비닐이나 종이 박스를 그대로 둔 채로 구멍을 뚫어 작물을 심는다. 민달팽이가 많지 않으면 애호박도 이렇게 심을 수 있다. 작은 작물은 대부분 비닐이나 종이 박스를 걷어내고 윗부분의 흙을 살살 뒤적거리거나 남아 있는 잡초를 갈퀴로 제거하면 잘 자란다. 덮어둔 비닐이나 종이 박스가 완전히 부패해 농사짓기에 최적화된 경우도 종종 있다.

돌려짓기

돌려짓기(윤작輪作, rotation)는 같은 땅에서 해마다 작물의 위치를 달리해 심는 것을 말한다. 유기농법의 기본 원칙 중 하나로, 작물의 생장에 필요한 양분뿐 아니라 잡초와 벌레, 병충해로부터 피해를 분산시키는 원리다. 잡초를 억제하는 능력이 유달리 탁월한 작물이 있다. 예를 들어 이파리가 옆으로 넓게 퍼지는 양배추는 위로 가늘고 곧게 뻗는 양파보다 잡초와의 경쟁에서 유리하다. 작물의 종류를 바꾸기만 해도 잡초를 어느 정도 통제할 수 있다. 서로 다른 작물은 각기 다른 양분을 필요로 하고, 취약한 병충해도 다르기 때문에 고안된 방법이다.

어떤 이는 돌려짓기가 꼭 필요하지 않다고 말하기도 한다. 토양의 생태가 충분히 원활하게 순환해 그 땅에 키운 작물의 씨앗을 잘 보관한다면 다음 해 같은 자리에 같은 작물을 성공적으로 키울 수 있다고 주장한다. 슈메이 자연 농업Shumei Natural Agriculture이 대표적인 예다. 이 역시 맞는 주장이기는 하지만, 나는 돌려짓기를 일종의 보험이라 생각한다. 가정집 마당은 대개 완벽한 생태 환경이 갖춰져 있지 않기 때문에 돌려짓기라도 하며 텃밭 농사의 실패 확률을 조금이나마 줄여보려는 것이다.

돌려짓기에 관한 완벽한 공식이 있는 것은 아니지만, 기본 원칙을 알아두면 농사 계획을 세울 때 도움이 된다. 먼저 식물군을 살펴보자. 배추와 방울양배추, 순무 등의 배추속brassicas은 같은 그룹으로 묶는다. 애호박, 주키니, 오이, 토마토, 피망, 가지 등은 모두 가짓과의 한 가족이다. 어떤 작물이 다른 작물과 한 그룹인지를 파악하고 나면 같은 장소에 그 가족군에 속하는 다른 작물을 심을 때는 몇 년간 쉬고 나서 심는다. 하지만 가장 무서운 것은 돌려짓기로도 피할 수 없는, 흙 속에서 장기적으로 살아남는 병이다. 양파에 생기는 흑색썩음균핵병white rot, 뿌리혹병clubroot 같은 질병은 완전히 없애기가 어렵다. 양파 흑색썩음균핵병은 15년간 빈 땅에 남아 있기도 한다. 생장 기간이 긴 작물은 잊을 만하면 돌아오는 같은 병해에 시달릴 위험이 훨씬 높다. 파속, 배추속, 감자속 같은 작물은 각별한 관심을 쏟아야 한다.

한 지붕 아래에 여러 작물을 같이 키우는 온실 농사에서 돌려짓기는 쉽지 않다. 한정된 공간과 키우는 작물의 건강한 생장 조건 사이에서 균형을 잡는 일은 결코 간단하지 않다. 나역시 돌려짓기에 너무 안달하지 않으려고 하지만, 작물에 정말 필요한 공간과 조건에 대해 생각해보면 같은 가족 작물끼리는 가능한 한 오래 쉰 다음에 심는 게 맞다고 생각한다. 고위험 작물을 키울 때는 적어도 4년의 휴경休耕 기간을 갖는 것을 권장한다. 휴경기는 길수록 좋다. 양질의 토양과 건강한 생태계는 기초 체력과 같은 것이다. 이를 기억하면 각각의 작물이 자라는 데 생기는 위험을 줄일 수 있다.

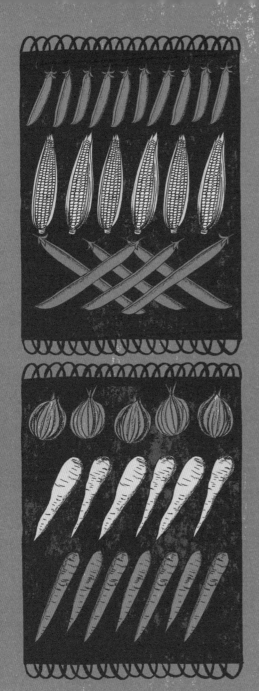
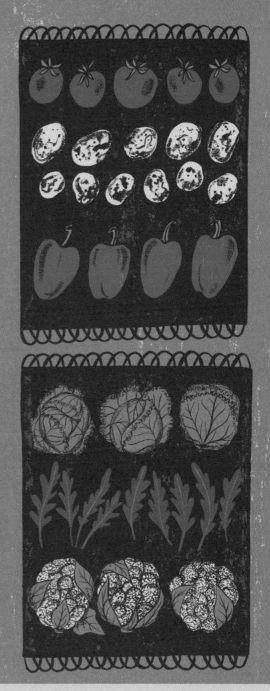

햇빛

농작물을 키우는 일은 태양에 달렸다. 텃밭을
가꾸는 우리의 목표는 최대한 많은 햇빛을 확보해
가능한 한 많은 수확물을 생산하는 것이다.
농작물이 아닌 맨땅에 햇빛이 닿는 것은 곧 낭비다.
농작물을 키울 때 필요한 질소 비료나 두엄도 엄밀히
따지면 햇빛에서 온 것이다. 동물은 햇빛을 받고
자라는 식물을 먹고, 우리 텃밭에 양분을 공급할
배설물을 내놓는다. 식물이 순간순간 햇빛을 더 누릴
수 있다면 그만큼 우리는 화석연료에 덜 의존할 수
있다.
유기농법의 기본 원칙은 가능한 한 땅을 놀지 않게
하고 연중 무언가를 심는 것이다. 이론상으로는
최대한의 에너지를 확보하기 위해 항상 무언가를
키우는 것이 가장 바람직하다. 식용작물 생장을
돕기 위해 키우는 비식용식물은 '녹색 두엄'이라고
부르는데, 이는 돌려짓기와 농사 계획에 다방면으로
도움이 된다. 하지만 먹을 수 있는 작물과 도움이
되는 다른 식물을 함께 키우는 것은 매번 가능한 게
아니다.

작물에 닿는
햇빛은 양분이 되어
저장된다.

땅에 닿는 햇빛은
반사되어 무용해진다.
따라서 작물 옆에 다른
식물을 심어
에너지 낭비를 막는다.

녹색 두엄

그린 크롭green crop이나 커버 크롭cover crop 또는 피복작물이라고 부르는 녹색 두엄은 흙을 건강하게 가꾸고 유지한다. 맨땅을 그대로 둘 경우 빛과 수분을 낭비하는 정도는 운이 좋은 편이고, 최악의 경우 토양 생태가 손상되거나 양분의 손실을 가져온다. 녹색 두엄은 땅속에 존재하는 영양소를 보존하고 토양 속 탄소와 질소 함량을 높인다. 모든 식물은 녹색 두엄이 된다. 심지어 잡초도 그렇다. 나는 오랫동안 클로버, 잔디, 치커리를 녹색 두엄으로 키웠다. 클로버는 질소 함량을 바로잡고, 잔디는 뿌리에 많은 양의 탄소를 간직한다. 치커리는 뿌리가 깊게 자라기 때문에 밀도 있게 다져진 흙에 균열을 만들며, 땅속 깊은 곳의 양분을 끌어 올린다.

짧게 심는 녹색 두엄

파슬리나 겨자, 메밀은 아주 빨리 자라 단기간에 녹색 두엄의 역할을 해낸다. 이들은 감자나 여름 당근처럼 이른 수확이 끝난 뒤 다음 작물을 심기까지 공백기에 다른 채소를 심기에는 짧고, 빈 땅으로 내버려두기에는 길 경우에 적당하다. 혹은 이른 봄에 성장을 끝내는 보라색 브로콜리나 리크leek를 수확하고 초여름에 애호박이나 비트 뿌리를 심기 전에 잠시 키우기 좋다. 녹색 두엄으로 이용하는 작물은 아주 빠르게 싹을 틔우고 자라는 데다 부드러워 다음 작물을 심기 전에 퇴비로 이용하기 위해 뽑기도 한다. 이들은 흙을 보호하고 에너지를 끌어모으며, 빗물에 녹아 유실될 수도 있는 가용성 영양소를 흡수한다.

길게 심는 녹색 두엄

작물과 작물 사이 휴지기 동안 토양을 비옥하게 만드는 데 이용한다. 휴경지를 장기간 초지로 남겨두는 데 주로 전문 농가에서 실행한다. 짧게는 6개월, 길게는 2년에 달하도록 땅속에서 지내며 양분을 쭉쭉 빨아들이는 감자나 배추속 작물을 심기 전 토양의 양분을 비축하기 좋다. 오래도록 자란 녹색 두엄류는 제 기능을 다하도록 종종 웃자란 풀을 베야 한다. 장기적 녹색 두엄으로는 클로버나 소 먹이로 쓰는 건초용 잡초 등 콩과작물을 많이 사용한다. 콩과작물과 땅속에 사는 박테리아가 만나면 공기 중의 질소를 잡아채어 식물에 필요한 양분으로 바뀐다. 콩과작물을 잔뿌리가 풍성한 잔디 종류와 섞어 심으면 흙 속에 탄소를 많이 저장할 수 있다. 또한 치커리나 무처럼 뿌리가 깊이 뻗는 작물은 땅속 깊은 곳의 양분을 끌어 올릴 뿐 아니라 꽉꽉 다져진 토양에 적당한 공기층을 만들고 물이 잘 통하게 한다. 대체로 생산성이 좋은 작물 한 가지를 키우는 것보다 여러 작물이 섞여 자랄 때 생산성이 월등히 높아진다. 그래서 나는 녹색 두엄이 오랜 세월 기운을 북돋아준 땅에 다양한 작물을 골고루 심으라고 권한다.

사이 심기와 밑 심기

작물 틈에 심기

작물은 각기 다른 속도로 자라고 긴 시간에 걸쳐 수확한다. 농사 계획을 잘 짜면 이런 속도 차이의 덕을 볼 수 있다. 열매가 크고 생장 속도는 더딘 콜리플라워 같은 작물을 처음 심을 때는 수확물이 다 자랐을 때의 크기를 고려해 넉넉한 여유 공간을 두어야 한다. 하지만 이 때문에 작물이 자라는 한 달 넘는 기간 동안 각 개체 사이에 노는 땅이 생긴다. 맨땅이 놀고 있는 막간을 이용해 엄청나게 빨리 자라는 순무나 루콜라, 상추 등을 심으면 자칫 맨땅으로 흘러가버릴 수 있는 빛과 수분을 아낄 수 있다.

이런 사이 심기interplanting는 한 뼘의 공간이 아쉬운 작은 텃밭에서 특히 빛을 발하지만 어떤 크기와 규모의 농업에서도 응용할 수 있다. 더 작은 땅에서 더 많은 수확을 거둬들이므로 노동력을 아끼고 자원도 효율적으로 사용하는 것이다. 함께 심기companion planting는 사이 심기의 기법 중 하나다. 특유의 냄새라든가 특정 작물의 포식자를 끌어들이는 특성 등을 활용할 수 있다. 예를 들어 양파속 작물은 당근류와 함께 심을 경우 그 냄새 덕분에 당근잎의 냄새를 찾아 벌레가 달려드는 것을 방지한다. 또한 애호박류를 키울 때는 수분이 원활하도록 꽃이 피는 작물을 같이 심기도 한다.

작물 아래 씨뿌리기

밑 심기undersowing는 식용작물 아래에 녹색 두엄이 될 씨를 뿌리는 방식이다. 이 방법이 잘 통하면 잡초를 억제하고, 토양 보호는 물론 토양의 질을 개선하는 효과도 크다. 이때 어느 한쪽이 더 크거나 우세해서는 안 되고 두 작물이 팽팽한 균형을 유지해야 효과가 좋다. 결과는 흙에 따라 혹은 같은 땅에서도 해마다 제각각일 수 있다. 전적으로 온도와 강우량에 달렸다. 케일이나 방울양배추 같은 배추속 식물과 애호박이나 주키니 같은 여름 호박 종류에 시도해볼 만하다. 클로버처럼 키가 작고 옆으로 퍼지는 식물을 하나 골라보자. 주키니 모종의 경우 풀을 심은 땅에 지름 60cm 정도의 구멍을 파고 심기만 하면 된다. 그러면 둘이 경쟁이 붙어 주작물이 빨리 자란다. 토양층이 얇고 건조한 기후라면 생명력은 강하지만 주인인 주작물을 넘보지 않는 트레포일trefoil(클로버 등 콩과식물)이 좋다. 따뜻하고 강우량이 많은 해에는 아래쪽에 심은 식물이 주작물을 덮치지 않도록 풀을 깎아줘야 한다. 밑 심기의 주작물이 다 자라면 추가 노동 없이 그 자리에 흙을 덮어 토양의 생산성을 높일 수 있다.

수확

수확량에 영향을 미치는 요소는 워낙 많고 다양하기 때문에 예상한 수확량을 얻지 못해도 실망하지 말자. 나는 수확량을 예측하는 데 보수적이라 때때로 예상을 넘은 양을 수확하기도 한다. 하지만 운이 나빠 그렇지 못한 경우에도 낙심하지 않는다. 그럴 때는 날씨 탓을!

토질

작물마다 맞는 토양이 따로 있다. 배추류는 진흙처럼 진득한 흙을 좋아하고, 아스파라거스는 가볍고 모래와 같은 땅을 좋아한다. 대부분의 흙에서 대부분의 작물을 키울 수는 있지만 각 작물에 맞는 최적의 환경이 갖춰지지 않으면 많은 수확량을 기대할 수 없다. 따라서 작물의 특성에 맞춰 토양을 잘 관리하면 식물이 튼튼하게 자라 좀 더 많은 수확을 얻을 수 있다. 가끔은 경작 초반에 일어난 사건이 수확량에 결정적 영향을 끼치기도 한다. 수분 결핍으로 인한 스트레스, 알아채지 못한 병충해 같은 대참사 말이다.

날씨

한번은 양파 농사에서 재미를 보지 못해 실의에 빠진 적이 있다. 당시 나는 내가 농사를 완전히 망쳤고, 이 분야에 영 소질이 없는 것 같다고 생각했다. 그런데 같은 해 여름, 농업인들이 모인 자리에 갔더니 모두 그해의 날씨가 양파 농사에 얼마나 나빴는지 이야기하는 게 아닌가. 특정 날씨가 특정 작물에 유달리 이롭게 작용하는 경우도 있다. 좋은 결과도, 나쁜 결과도 다 받아들이는 수밖에 없다. 해마다 '아, 올해 이 작물은 망했구나' 하며 포기하는 품목이 아마 한 가지씩은 있을 것이다.
기후변화 때문에 날씨를 예측하기가 더 어려워졌다. 따라서 농사 시기에 관한 전통적인 조언을 무시할 용기도 가끔 필요하다. 예를 들어 영국에서 늦은 봄이나 초여름에 내리는 늦서리는 점점 보기 드물지만 여전히 가끔 내리기도 한다. 15년 전이었다면 애호박 모종처럼 연약한 작물을 늦봄에 심는 사람은 아무도 없었겠지만, 이제는 한번 도전해볼 만하다.
비닐 터널이나 온실에서 키우는 것 역시 수확량에 큰 영향을 끼친다. 서늘한 기후에서 가지를 키울 경우 조금이라도 더 수확하려면 비닐 터널이나 온실이 반드시 필요하다. 비닐 터널이나 온실이 있다면 콩을 키우는 기간이 늘어나고, 겨울철에도 샐러드 채소를 얻을 수 있다.

다양성

식물의 종류에 따라 수확 결과도 달라진다. 식물마다 병충해에 견디는 힘과 맛, 크기 등이 모두 다르고 수확량도 제각각이다. 나는 수확량이 많은 것보다는 적게 수확하더라도 맛있게 키우는 방법을 택한다.

기술

무슨 일이든 처음에는 실수를 하기 마련이고, 우리는 이를 통해 성숙해진다. 나는 경작에 실패해 농작물을 잃은 적이 많지만, 믿기 어려울 정도로 많은 수확을 거둔 경험도 있다.

흔히 성공적인 수확은 땅과 날씨의 공으로 돌리면서 실패한 경우에는 스스로를 탓하는 경향이 있다. 농사의 과정을 하나하나 기록해두면 두고두고 도움이 되는 자료가 된다. 어느 해에 어떤 작물을 어느 시기에 심었는지, 얼마나 더웠고 비가 얼마나 왔는지를 알 수 있다면 다음 기회에 성공적으로 잘 키워낼 확률이 높아지지 않겠는가.

수확 시기

감자, 양파, 사과 등의 작물은 한 번만 수확한다. 반면, 완두콩, 케일, 주키니처럼 긴 시간 동안 두고두고 수확하는 과일과 채소도 제법 있다. 수확 시기와 방법에 따라 수확량이 달라지는 작물도 많다. 샐러드용 잎채소 종류는 계속 솎아내며 먹는데, 너무 아랫부분을 자르면 생장점이 떨어져 나가 더 이상 수확을 못 하는 수도 있다. 이와 반대로 아래쪽에 달린 이파리를 하나둘씩 따주면 민달팽이와 병충해를 막고, 작물 전체의 공기 순환이 원활해져 점점 윗부분에서 잘 자라게 된다. 그리고 줄기를 타고 올라가는 콩류는 콩을 더 이상 따지 않으면 성숙기에 접어들어 콩을 생산하는 것이 아니라 씨앗을 생산하는 단계로 접어든다. 다시 말해 더 많이 딸수록 더 많은 양을 수확할 수 있다.

나는 크기가 작고 연한 채소를 좋아해서 콩과 콩 줄기는 작을 때 수확한다. 이럴 경우 전반적으로 수확량이 적다. 주키니의 경우 딸 때의 크기에 따라 전체 수확량이 달라진다. 주키니는 꽃이 피는 시기에 꽃을 따주면 수확량이 더 줄 수도 있다. 모든 것은 키우는 사람의 결정에 달렸다.

무엇을 기를까

　텃밭에서 무엇을 키울 것인가를 결정하는 주요한 요건은 텃밭의 크기다. 샐러드용 잎채소나 허브류는 아주 작은 공간에서도 키울 수 있지만 감자나 아티초크, 과수果樹는 어느 정도 공간이 확보되어야 한다.

　처음 주키니 모종을 심었을 때 짧은 기간에 이 작물이 얼마나 넓게 퍼져나가는지, 그럼에도 수확량은 어찌나 적은지를 경험하고 깜짝 놀랐다. 반면 상추는 작물의 크기가 작지만 전체를 먹기 때문에 공간 활용도 면에서는 무척 효율적이다. 작물 전체를 먹는 품종은 공간 대비 최고의 생산량을 자랑하지만 상추만 먹고 살 수는 없다. 그러므로 작물을 섞어 심는 것이 텃밭을 효율적으로 쓸 수 있는 방안이다. 여름 호박류와 콩, 오이, 토마토와 과일(덩굴 과일과 과일나무 모두)은 햇빛을 받으려고 위쪽으로 자란다.

큰 공간에서 적은 수확을 내는 작물

아티초크는 키우기 쉽고, 아름답고, 맛도 좋지만 추위에 약하고, 키우는 데 들어간 공간을 생각하면 수확량은 감질나는 작물이다. 그렇기에 아티초크는 어떤 식물을 심어야 할지 더 이상 떠오르지 않을 때나 추천한다. 콜리플라워는 키우기 까다롭다. 가끔 하루 만에 작은 송이 하나가 생겨날 정도로 잘 자라는가 하면, 이틀 만에 시들어버리기도 할 만큼 허무한 작물이다. 그나마 보라색 브로콜리는 약간 키우기 쉽다. 아스파라거스는 인기 있는 다년생식물이지만, 잡초에 약하고 수확 가능한 시기가 짧다.

작은 공간에서 많은 수확을 내는 작물

허브는 대부분 초보자가 키우기에 만만하다. 꼭 여러 종을 심어야 할 필요도 없고, 부엌 창가의 작은 화분에 심어도 얼마든지 음식에 활용할 수 있다. 하지만 허브 모종은 가격이 비싸다.

잎채소는 화분이나 자투리 땅에서도 잘 자라고, 잎을 솎아내면 또 잎이 자라 1년 내내 신선한 샐러드와 쌈을 제공한다. 실내에서 키울 수 있는 종류도 있다.

작게 키우기 vs. 크게 키우기

작물은 일정 크기가 되면 성장을 멈춘다. 빛과 물, 영양이 충분하면 크게 자라고 수확량도 많다. 우리 집에서도 다양한 목적으로 여러 작물을 키웠는데, 종종 수확물의 크기가 농사의 핵심 주제가 되었다. 토마토를 예로 들면 작은 방울토마토부터 스테이크에 곁들이는 커다란 토마토까지 다양하다. 그런데 재배법이 채소의 크기를 결정하지는 않는다. 어떤 작물은 적절한 공간 배치로 수확물의 크기를 줄일 수도 있다. 나는 이 방법을 많이 사용했다. 고급 레스토랑의 셰프들 역시 접시에 담았을 때 보기 좋은 작은 채소를 좋아하기 때문에 특별하게 키운 채소와 과일을 선호한다.

보통 이 기법은 열매나 씨앗을 먹는 작물에는 맞지 않다. 이런 작물은 서로 가까이 심으면 개체당 수확량만 줄어들 뿐이다(비록 단위 공간당 전체 수확량에는 영향을 끼치지는 않지만 말이다).

반면에 뿌리를 먹는 작물, 머리나 꽃 부분을 먹는 콜리플라워나 양배추에는 유용하다. 한 가지 유념할 것은 가까이 심으면 작물이 스트레스를 받고 서로 경쟁하다 웃자랄 수 있다는 점이다.

특히 날씨가 건조할 때 그런 현상이 일어난다. 내가 직접 길러보았거나 다른 사람이 기르는 것을 관찰한 몇 가지 예를 소개한다.

콜리플라워

콜리플라워는 초보 농부가 쉽게 키울 수 있는 작물이 아니다. 솔직히 고백하면 상업 재배를 하는 나도 잘 키운다고 자랑은 못 하겠다. 크게 키우려 했는데 작은 송이로 수확한 경우가 꽤 많았다. 커다란 송이의 콜리플라워를 키워낸다는 것은 참으로 벅찬 일이다. 오히려 작은 송이의 콜리플라워로 수확 개수를 늘리는 것이 쉽다. 콜리플라워는 일반적으로 75cm의 간격을 두고 심는다. 조그맣게 기르려면 20cm 정도 간격으로 심어보자. 물론 품종에 따라 조금씩 차이는 있다. 이는 양배추에도 적용된다.

해바라기

해바라기는 직접 키워본 적은 없지만, 잉글랜드 데번주의 엠버컴Embercombe을 방문했을 때 이 방법으로 완벽하게 키워내는 것을 보았다. 해바라기는 보통 2m 높이까지 자라고 커다란 꽃이 피는데, 그곳의 해바라기는 1m 키에 테니스공만 한 꽃을 피웠다. 작은 꽃은 화병에 꽂을 수 있어 매력적이다. 씨를 받기 위해 키우더라도 꽃의 크기가 씨의 크기에 영향을 끼치지는 않는다.

당근·비트·순무

뿌리채소의 경우 씨를 뿌릴 때 흔히 권장하는 것 (보통 1cm당 씨앗 1개)보다 촘촘하게 심고, 뿌리가 먹을 만한 크기로 자라자마자 수확을 시작한다. 어린 뿌리를 솎아내면 남은 뿌리는 조금 더 실하게 자란다(종자를 개량한 1세대 하이브리드 씨앗이 아니라면 모든 씨앗은 조금씩 다른 속도로 자란다). 뿌리를 솎아내다 보면 결국 남은 뿌리는 일반적인 간격으로 남고, 상업 규격에 맞는 크기로 자랄 것이다. 아니면 취향에 따라 남은 뿌리채소 역시 아직 어린 상태로 모두 수확하고 그 자리에 다른 작물을 심는 방법도 있다.

단, 무에는 이 방법을 추천하지 않는다. 무는 너무 빨리 웃자라기도 하고, 붐비는 공간에서 스트레스를 받으면 아예 뿌리가 자라지 못하기 때문이다.

솎아내기로 작물의 크기를 조절할 수 있는 것은 아니다. 어떤 작물은 씨앗 사이의 간격을 조정해 작게 키울 수 있다.

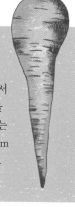

파스닙

파스닙은 한 번에 모두 수확하기 때문에 가만히 내버려둔다. 따라서 다른 뿌리채소처럼 촘촘하게 심을 수는 없지만, 권장하는 간격보다는 가깝게 심을 수 있다. 대개는 15cm 간격을 권하지만, 5~10cm 간격도 괜찮다.

리크

셰프들이 사랑하는 채소인 리크. 예전에 나는 흙을 일군 다음 골을 타며 리크씨를 1cm 간격으로 뿌렸다(나는 별나게 구느라 씨앗을 심었지만, 보통 리크는 모종을 사서 옮겨 심는다). 그때의 계획은 리크가 내 손가락 굵기 정도로 자라면 수확하는 것이었다. 파와 비슷한 리크는 통째로 찌거나 소스에 넣어 조리하면 맛이 좋고, 테이블에 올렸을 때 모양이 사랑스럽다.

PART 2

맛

나는 먹을 것에 대한 애정으로 과일과 채소를 직접 기르기 시작했다. 텃밭에
최소한의 노력을 쏟아부어 최선의 결과물을 얻어내고 쓰레기를 줄이고 싶었다.
작물을 키우고 언제 수확하며, 수확한 작물을 즉시 먹지 않을 경우에는
어떻게 할 것인가도 중요한 문제다.

우리는 주로 먹던 부분만 먹는다. 손질과 보관에 잔손이 많이 가는 부분은
어느새 '쓰레기'로 분류된다. 꽃과 씨를 먹을 수 있는 작물이 많지만, 상업 유통이
쉽지 않아 많은 사람이 먹을 수 있다는 것조차 모른다. 하지만 직접 농사를 지으면
작물의 모든 부분을 알차게 활용할 수 있다.

수확물을 가능한 한 오래, 최상의 컨디션으로 보관할 수 있으면 쓰레기가 준다.
전통적인 식품 저장 방식에 새로운 기술을 도입하면 한층 더 줄어들 것이다.
음식으로 소비하는 속도가 수확하는 속도를 따라잡지 못하는 여름과 가을에 남는
농산물을 겨울과 봄까지 먹을 수 있을 테니 말이다.

수확물을 건조하는 방법은 덥고 건조한 기후에서 훌륭한 방법이다.
하지만 시원하고 습한 지역에서 식재료를 말리기 위해 오븐을 이용한다면
제로 웨이스트라는 우리의 신념을 거스르는 꼴이다. 덥고 건조한 여름철에
태양의 자연 건조 시스템을 최대한 활용하자. 가정의 폐열 에너지
(에너지의 생산과 소비 과정에서 사용되지 못하고 버려지는 열. 예를 들어 온돌 바닥의 열,
조리가 끝난 오븐 안의 잔열 등이다-)와 친해지도록 해보자.

과일과 채소는 대부분 얼리면 저장 기간이 길어진다. 또한 성능 좋은 냉동고는
에너지 효율이 높다. 비록 재료를 데치거나 소금물을 끓이는 과정에 약간의
에너지가 들어가지만, 피클 같은 절임이나 발효는 좋은 선택이라 할 수 있다.
절임과 발효 식품은 재사용이 가능한 유리 밀폐 용기에 담아 실온에 보관할 수 있다.

뿌리채소는 저장 방법을 알면 에너지를 쓰지 않고 겨울 동안 보관할 수 있다.
냉장·냉동 기술이 없던 시절에는 누구나 그렇게 저장했다.

남은 것을 위한 레시피

아무리 세심하게 농사 계획을 세워도 해마다 뭔가는 조금씩 모자라고, 뭔가는 남아 처치해야 할 상황이 생긴다. 나는 이런 것이야말로 예측하기 어려운 대자연과 일하는 묘미라고 생각한다. 인간이 자연을 제어할 수는 없다. 그저 수확 결과에 유연하게 대처할 뿐. 텃밭의 잉여 농산물을 오래 두고 먹는 데 도움이 될 조리법 몇 가지를 소개한다.

토마토소스

신선한 토마토로 소스를 만들면 정말 맛있다. 진한 수프로 먹거나 파스타 소스로 이용하거나 스튜에 넣을 수 있고, 조금 되직하게 졸이면 피자 소스로 쓸 수 있다. 토마토를 키우지 않을 경우 캔에 든 토마토로 만들어도 좋다.

재료

+ 토마토 750g – 어떤 종류의 토마토든 가능하다. 나는 맛이 더욱 풍부해지도록 오 븐용 트레이에 담아 높은 온도에서 15분 정도 구워서 이용한다.
+ 올리브 오일 2큰술
+ 파 종류 적당량 – 양파 1개, 파 1대, 리크 1대, 셜롯 4개(리크는 파로, 셜롯은 양파로 대체 가능하다.)
+ 뿌리채소 적당량 – 당근 1개, 비트 뿌리 1개, 애호박 50g, 파스닙 작은 것 1개
+ 셀러리류 적당량 – 셀러리 스틱 1개, 페널 구근 50g, 셀러리악 50g(페널 구근과 셀러리악이 없으면 셀러리의 양을 늘린다.)
+ 마늘 2쪽 – 필수 재료지만 없으면 양파류의 양을 조금 더 늘린다.
+ 허브류 – 월계수잎 1장, 세이지·로즈메리·오레가노 중 한 가지 1작은술(어떤 종류의 허브를 넣어도 상관없지만 나는 향이 강한 것을 선호한다.)

만들기

모든 재료를 곱게 다진 후 마늘과 토마토를 제외한 나머지 재료를 팬에 넣어 부드러워질 때까지 중간 불에 10~15분 정도 볶는다. 마늘은 쉽게 타기 때문에 나중에 넣는다. 여기에 토마토를 넣고 중약불에 양이 반 정도로 졸아들 때까지 끓인다.

과일 스무디

과일이 많이 남았을 때 스무디만 한 것이 없다. 특히 저장 기간이 짧은 부드러운 과일에 적절한 방법이다.

재료

+ 과일 약간 – 산딸기나 딸기 혹은 레드커런트, 블랙커런트처럼 부드러운 과일이면 어떤 것이든 괜찮다. 묵직한 질감을 원한다면 여기에 약간의 바나나 또는 귀리 1~2큰술을 넣는다.
+ 크리미한 재료(생략 가능) – 좀 더 크리미한 맛이 나는 걸쭉한 스무디를 좋아한다면 플레인 요구르트와 과일 요구르트를 반반 섞거나 그리크 요구르트를 섞는다. 우유를 넣어도 괜찮다.
+ 단맛 나는 재료(생략 가능) – 꿀 또는 메이플 시럽 1큰술

만들기

특별한 기술이 필요 없고, 입맛에 따라 재료를 블렌더에 넣고 갈아 섞으면 끝이다. 하지만 스무디를 만들며 알게 된 유용한 정보를 몇 가지 소개한다. 포인트는 충분한 양의 액체와 함께 가는 것이다. 수분이 너무 적으면 제대로 갈리지 않고 골고루 섞이지도 않을 뿐 아니라 마시기도 힘들다. 우유나 물, 요구르트 혹은 좋아하는 음료를 넣어 갈자. 같은 종류의 과일과 채소라도 수분 함량에 조금씩 차이가 있기 때문에 그때그때 갈리는 상태를 살펴가며 가감한다.

어떤 과일과 채소는 냉동실에서 꺼내 바로 블렌더에 갈아도 되지만, 냉동 과일이 많이 섞인 경우에는 블렌더에 가는 것이 쉽지 않을 수 있다. 나는 단것을 그다지 즐기지 않지만, 단맛을 좋아한다면 커런트류처럼 시큼한 과일을 이용할 때 꿀이나 메이플 시럽을 넣자.

허브 페스토

전통적인 페스토는 바질과 잣을 이용해 만들지만,
다른 허브 또는 잣이 아닌 다른 견과류나
씨앗으로도 만들 수 있다. 이탈리아 페스토에는
파르메산 치즈도 들어간다. 이 레시피에는
생략했지만, 원한다면 파르메산 치즈나 올드
윈체스터 치즈(파르메산 치즈와 비슷하다) 약
50g을 넣어도 된다. 페스토는 파스타와 섞으면
순식간에 한 끼 식사가 되고, 다른 요리에 한두
스푼 넣으면 맛과 활력을 더한다.

재료
+ 견과류 – 해바라기씨 또는 호박씨 50g, 호두
  또는 헤이즐넛 50g
+ 허브류 – 바질·고수·루콜라·파슬리 중 한
  가지 50g
+ 오일류 – 올리브 오일 또는 포도씨 오일
  150ml(견과류의 향을 좋아한다면 호두 오일이나
  헤이즐넛 오일을 살짝 더한다.)
+ 마늘 2쪽 – 마늘이 빠진 페스토는 최상이라
  할 수 없지만, 마늘 대신 셜롯이나
  양파 또는 차이브(파의 일종) 등으로
  대체할 수 있다.

만들기
견과류를 제외한 모든
재료를 블렌더에 넣고
부드러운 반죽처럼 될
때까지 간다. 견과류와
씨앗 종류는 작은 알갱이
정도로 간다. 페스토를
만들면 덜 신선한 채소나
채소의 억센 부분까지 모두
먹을 수 있다.

채소 스톡

채소 스톡은 대량으로 만들어 얼려두면 조리에
이용하기 편리하다. 채소 스톡을 만드는 묘미는
평소에 먹지 않고 무심히 버릴 수 있는 채소의
질긴 부분이나 약간 시든 부분까지 버리지 않고
이용할 수 있다는 점이다.

재료
+ 채소류 – 배추 종류를 제외하고 텃밭에서
  나는 모든 채소를 다 넣어 끓일 수
  있다. 전통적인 채소 스톡 삼총사는
  '당근·양파·셀러리'다. 양파 껍질은 벗길 필요
  없고, 당근의 머리 부분이나 셀러리의 이파리
  부분도 넣는다.
  살짝 물렀지만 상하지는 않은 채소는 모두
  넣어도 된다.
+ 허브류 – 로즈메리, 월계수잎, 타임

만들기
채소 스톡 역시 만들기 쉽다. 준비한 모든
채소를 냄비에 넣고 약간의 허브를 넣은 다음
재료가 잠기도록 물을 붓고
아주 약한 불에 1~2시간
정도 뭉근하게 끓인다.
완성되면 체에 걸러
스튜나 리소토,
수프 등을 만들 때
이용한다.

얼리기

    냉동 보관법의 핵심은 신선한 상태의 맛을 그대로 가둬두는 것이다. 얼린다고 해서 식품의 부패를 완전히 막는 것은 아니며, 그저 부패 속도만 늦춘다는 점을 기억하자. 냉동할 경우 작물은 수확하자마자 얼리는 것이 좋다. 어느 보존법이나 그렇듯 최상의 수확물을 얼리고, 덜 좋은 작물은 바로 먹는다.

    과일이나 채소를 얼리면 작물이 지닌 고유의 효소 때문에 맛과 색, 영양을 조금은 잃는다. 하지만 약간의 수고로 효소 활동을 늦출 수 있다. 대부분의 녹색 채소는 살짝 데쳐 얼리는 것이 좋다. 반드시 데쳐야 하는 것은 아니지만, 데쳐서 냉동하면 좀 더 오래 보관할 수 있다. 이 과정에서 효소 활동이 억제되고, 채소를 상하게 하는 미생물을 죽일 수 있다. 그러나 너무 익으면 안 되기 때문에 데친 후 바로 얼음물에 담가 재빨리 식힌다. 녹색 채소 중에서도 케일과 시금치는 팬에 살짝 볶아 얼리면 다시 조리할 때 풍미가 좀 더 살아난다.

공기를 빼고 급속으로

    과일은 표면이 산화하는 것을 최소화하기 위해 얼리는 과정에서 가능한 한 공기를 빼야 한다. 큰 용기에 반만 채워 얼리는 것보다는 작은 용기에 가득 채워 얼리는 편이 낫다는 말이다(당연히 냉동실 공간 활용도 더 효율적이다). 냉동용 지퍼 팩을 이용할 때도 봉지 안의 공기를 최대한 빼내고 밀봉한다. 과일과 채소를 얼린다는 것은 세포 내 수분을 얼리는 것이다. 냉동 속도가 느리면 수분 입자가 큰 물 분자로 얼고, 세포벽을 손상시켜 맛과 영양이 떨어진다. 하지만 급속 냉동하면 여러 개의 작은 물 분자가 생겨 세포벽의 손상도가 낮아진다. 따라서 냉동 전에 채소와 과일을 최대한 식히고, 한 번에 많은 양을 얼리지 않아야 한다.

펼쳐서 얼리면 빨리 얼고, 편리하다

    특히 콩은 급속 냉동할수록 맛이 좋다. 딸기나 산딸기는 납작한 그릇에 펼쳐 얼리면 냉동 속도가 빨라질 뿐 아니라 얼린 후 지퍼 팩이나 밀폐 용기에 넣으면 서로 달라붙지 않아 필요한 만큼 꺼내 쓰기 좋다. 과일은 수확 즉시 설탕을 넣어 콩포트(과일을 설탕에 졸인 프랑스 디저트. 잼보다 과육이 살아 있다)를 만든 다음 조금씩 나누어 얼리는 방법도 있다. 수프나 스튜에 이용할 재료는 조리해 얼리는 것이 효과적이다.

    허브는 얼음 틀에 조금씩 넣고 그 위에 올리브 오일이나 녹인 버터를 부어 얼린 다음 얼음 틀에서 꺼내 지퍼 팩이나 밀폐 용기에 넣는다. 이 허브 버터와 허브 오일은 완벽한 파스타 소스와 향기로운 팬케이크를 만들어줄 것이다.

말리기

농산물의 수분을 얼려 가두는 냉동법과 달리 건조는 세포 내 수분을 말리는 방법이다. 이는 농산물의 효소 활동을 느리게 해 장기간의 보존이 필요한 경우에 효과적이다. 그뿐 아니라 이 과정을 통해 곰팡이와 박테리아 생성을 줄일 수 있다. 대부분의 농산물은 건조하는 과정에서 맛이 응축된다는 점도 장점이다.

건조법의 핵심은 낮은 온도에서 많은 공기와 접촉해 천천히 말리는 것. 어떤 식품이건 높은 온도에서 말리면 속까지 마르기 전에 겉이 딱딱해지고 내부에 수분이 갇힌다. 그래서 단시간에 건조한 식품은 오래 보관하기 어렵다. 보통 건조기를 이용해 식품을 말리는 데 최소 6시간이 걸리며, 오븐은 그보다 더 오래 걸린다. 재활용 재료로 만든 태양열 건조기를 이용하면 에너지와 자원을 적게 쓰면서 식품을 건조할 수 있다. 나무판자와 재활용 유리 혹은 투명한 플라스틱 판만 있으면 된다. 이 방법은 물론 햇빛이 풍부할 때 가장 효과적이다. 해양성기후인 영국의 경우 밤이면 선선해지고 습도도 낮보다 높아지기 때문에 식품 건조에 완벽한 날씨는 아니다. 이런 환경에서 식품을 말리면 당연히 건조기나 오븐을 이용할 때보다 시간이 훨씬 오래 걸리며, 온도와 습도에 따라 4일씩 걸리기도 한다. 날씨가 흐리거나 건조할 공간이 충분하지 않을 경우 시판 건조기가 차선책이다. 오븐보다는 건조기에 말리는 편이 에너지를 덜 사용한다. 하지만 아주 약간의 식품을 말리는 경우에는 건조기 사용 시 쓰이는 기본 에너지가 내가 아낀 에너지양보다 클 수도 있다는 점을 기억하자.

직사광선이 내리쬐지 않는 뜨겁고 건조한 야외 공간에서는 허브나 고추 종류를 말리면 좋다. 묶어놓은 농산물 다발에 종이 봉지만 씌워보자. 공기가 통하는 오픈형 선반이 있다면 주방의 온수보일러나 다른 기기가 방출하는 에너지를 식품 건조에 활용할 수 있다. 만약 냉장고나 냉동고 뒤편에 여유 공간이 있거나 천장에 농산물 다발을 걸 수 있다면 냉각기 뒤편에서 내뿜는 뜨겁고 건조한 바람을 이용해 말릴 수 있다.

식품 건조를 위한 준비

잘 건조한 농산물은 제법 오래 보관할 수 있다. 채소와 과일을 두께 0.5cm 이하로 얇게 썰면 빠르게 효과적으로 말릴 수 있다. 얇게 썬 식품을 서로 겹치지 않게 펼쳐 말린다. 또 냉동할 때와 마찬가지로 경우에 따라 살짝 데쳐 말리면 효소가 비활성화되어 건조한 식품의 질이 높아진다. 건조한 식품은 완전히 식혀서 저장해야 습기가 차지 않는다. 크기에 따라 차이가 있지만, 대체로 45분 정도면 적당하다. 건조한 식품을 오래 방치하면 공기 중 습기를 재흡수할 수 있다. 피클 또는 잼을 담는 병이나 공기가 통하지 않는 밀폐 용기에 넣어두면 완벽하다. 이것을 시원하고 어두운 장소에 보관하면 맛과 색의 변화를 줄일 수 있다.

피클과 발효

피클의 원리는 식초와 소금을 이용해 미생물을 죽여 부패를 막는 것이다. 채소 피클은 종류에 따라 조금씩 다른 방법을 쓰는데, 기본 원칙을 알아두면 안전하고 맛있는 피클을 만들 수 있다.

먼저 식초의 산도를 확인하자. 식초 5%가 기본이다. 샐러드용 식초는 대부분 희석한 것이므로 피클용 식초를 이용한다. 흔히 무색 투명한 식초를 사용하지만, 사과주apple cider(미국에서는 차게 또는 데워서 마시는 사과 주스를 말하지만, 영국과 호주에서는 사과 주스로 만든 술을 뜻한다)로 만든 식초도 산도가 강하기 때문에 사용할 수 있다. 시판 피클용 식초는 각 재료의 함량을 식품 저장에 가장 적합한 비율로 넣어 만든 제품이다. 피클 물을 직접 만든다면 식초, 물, 소금과 원할 경우 설탕을 미리 섞어서 재료에 붓는다. 반드시 끓여야 하는 것은 아니지만, 어떤 채소는 피클 물을 끓여서 사용하면 훨씬 부드러워진다. 끓여서 사용하면 함께 넣은 향신료의 향이 더욱 부각된다는 장점이 있다. 피클을 만들고 일주일 정도 지나면 향신료가 우러나고 맛이 든다.

신선하지 않은 채소로 맛있는 피클을 담글 수 있을 거라는 기대는 금물이다. 곰팡이가 피거나 상한 부분은 반드시 제거하고 깨끗이 씻어서 사용한다. 피클을 담그기 전에 채소를 익힐지 말지는 만드는 사람의 취향과 채소의 성격에 달렸다. 뿌리채소는 미리 익혀서 피클을 담그는 것이 좋고, 콩이나 주키니는 흐물흐물해지므로 날것으로 담그는 편이 낫다. 실온에서 장기간 보관하고 싶다면 미리 데워놓은 병에 피클을 담고, 피클이 완전히 식기 전에 밀폐한다.

발효 역시 산acid의 도움을 받아 식품을 저장하는 방법이다. 피클이 식초를 붓는 저장법이라면 발효는 유익한 미생물인 '유산균'이 스스로 산을 만들어 저장성을 높이는 것이다. 유산균은 우리의 장내를 비롯해 어디에나 흔하게 존재하며, 채소의 표면에도 살고 있다. 공기가 차단되면 유산균은 채소 안의 당분을 산으로 바꾼다. 발효를 거치면 피클로 담글 때보다도 훨씬 더 큰 맛의 변화가 일어난다. 거의 모든 채소는 발효시켜 저장할 수 있다. 가장 유명한 발효 식품 두 가지는 독일의 사워크라우트(소금에 절인 발효 양배추)와 한국의 김치일 것이다.

유산균은 비교적 소금물에 잘 견딘다. 농산물을 소금물에 잘 씻어 불필요한 미생물을 죽인다. 발효에서 가장 중요한 것은 공기를 차단하는 것이다. 소금물보다 비중이 높은 식품을 발효시키면, 예를 들이 잘게 썬 양배추 같은 재료는 소금물 위에 둥둥 뜬다. 그래서 재료를 소금물 아래로 잠기게 하려고 무거운 돌 같은 것으로 눌러놓기도 한다. 발효 과정에서 유산균이 당분을 분해하면서 이산화탄소를 배출하기 때문에 정기적으로 뚜껑을 잠시 열어 압력을 빼준다. 온도 역시 발효 속도에 영향을 끼치지만 대체로 실온 정도면 괜찮다.

남김없이 먹기

수확한 작물의 더 많은 부분을 먹으면 쓰레기를 줄일 수 있다. 실제로 많은 작물의 먹을 수 있는 부분이 식품으로 소비되지 않고 있다. 우리가 보통 먹는 부분보다 맛이 떨어지는 경우도 있지만, 그 부분을 먹을 수 있다는 사실을 모르는 것이 가장 큰 이유다. 일단 대부분의 채소 부위는 스톡 재료로 쓸 수 있다. 한 가지 예외는 배추류의 이파리다. 자칫하면 국물에서 '시든 배춧잎' 같은 향이 날 수 있기 때문이다.

배추속

배추류는 거의 모든 부분을 먹을 수 있다. 일반적으로 콜리플라워와 브로콜리의 봉오리나 콜라비의 두툼한 줄기는 먹는다. 하지만 사실은 이 작물들의 이파리나 꽃, 씨앗이 든 꼬투리(너무 질기지만 않다면)도 먹을 수 있으며, 씨앗은 싹을 틔울 수도 있다. 배추속의 작물은 대대적으로 수확을 한 번 한 다음 두 번째 올라오는 것까지 거두어 먹으면 생산 효율을 최대로 높일 수 있다.

뿌리채소의 이파리

비트나 당근은 주로 뿌리 부분을 먹지만, 모두 이파리도 먹을 수 있다. 비트 이파리는 시금치나 근대와 같은 방법으로 조리해 먹고, 당근 이파리는 수프나 스튜에 넣는다. 어린 당근의 이파리는 연하고 향긋해 샐러드에 활용하기 좋다. 순무와 무의 이파리는 생으로 먹기엔 조금 억세 볶음 요리에 넣거나 버터를 조금 넣고 조려서 먹는다.

씨앗

어떤 애호박 종류와 늙은 호박의 씨앗은 볶아서 먹을 수 있고, 고추씨는 허브티에 강렬한 맛을 더한다. 텃밭에 여유 공간이 있다면 수확하지 않고 남겨두었다가 식용 씨를 얻을 수도 있다. 펜넬, 당근, 양귀비, 해바라기의 씨는 좋은 식재료다.

껍질

나는 너무 질기지만 않다면 채소 껍질을 거의 벗기지 않는다. 껍질 벗기는 편을 좋아하더라도 채소 껍질을 모두 퇴비 더미에 던지지는 말 것. 양파, 당근, 파스닙의 껍질은 스튜나 스톡에 넣으면 풍미를 더한다. 감자 껍질은 새로운 작물을 키우는 데 이용할 수 있다. 싹에 충분한 영양분이 공급되도록 껍질을 두껍게 깎고, 이 껍질에서 싹을 틔운 감자 눈을 따 땅속에 심으면 감자가 된다.

월동

지금은 1년 내내 전 세계 농산물들이 유통되지만 과거에는 신선한 채소를 키우기 어려운 겨울철을 위해 식량을 저장하는 것이 중요한 과제였다. 더 이상 예전처럼 겨울철 식량 저장에 매달릴 필요는 없지만 직접 키운 작물을 잘 소비하고 가을철 수확물을 오랫동안 맛있게 보관하는 방법은 알아둘 필요가 있다. 네덜란드 농부 친구 프레드가 이런 말을 한 적이 있다. "냉장고가 병원은 아니야." 싱싱하지 않은 농산물이 냉장고에 들어간다고 싱싱해지지는 않는다. 건강한 상태의 채소와 과일만을 저장해야 한다.

양파

양파는 그물 주머니에 담아 시원한 창고에 걸어둔다. 온도가 조금 낮고 공기만 잘 통해도 곰팡이균의 증식이 억제된다.

과일

과일은 수확하는 순간 신선도가 떨어지기 시작한다. 이러한 노화 현상을 막을 수는 없고, 그저 조금 늦출 수 있을 뿐이다. 사과를 예로 들어보자. 사과의 노화에 영향을 끼치는 요소는 온도, 습도 그리고 산소와 이산화탄소의 농도다. 사과를 익게 하고 상하게도 하는 미생물 역시 숨을 쉬고 번식한다. 온도나 산소 포화도를 낮추어 미생물의 활동을 늦출 수 있다면 사과의 보관 기간을 늘릴 수 있다. 일반 가정에는 농산물을 위한 저온 보관 시설이 없지만, 사과를 보관할 정도의 시원한 장소는 얼마든지 찾을 수 있다. 나는 공기가 차단되는 커다란 통 안에 사과를 담아 시원한 창고에 저장하는데, 이렇게 하면 대개 늦은 겨울까지 사과가 잘 버틴다. 같은 과일도 품종에 따라 다른 양상을 보일 수 있다. 근래에 개발된 품종일수록 저장성이 좋은 편이다. 대부분의 과일 보관 온도는 1~3℃가 이상적이다.

전통적으로 사과는 수확과 동시에 종이에 하나씩 싸서 보관했다. 이렇게 보관하면 하나가 썩더라도 다른 사과로 번지는 것을 막을 수 있다.

호박

농산물은 보통
시원한 온도에
저장해야 하지만, 겨울
호박(단호박이나 늙은 호박류)은 10~13℃가
이상적이다. 자주 쓰지 않는 손님방이나 부엌
내 열기가 닿지 않는 찬장에 보관해도 좋다.
이때 찬장 바닥에 나무판자나 하드보드지를
깔아놓으면 호박 아래쪽에 습기가 생겨
상하는 것을 방지할 수 있다. 다른
농산물처럼 겨울 호박도 건조한 환경이 좋다.

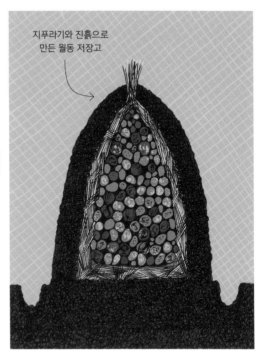

지푸라기와 진흙으로
만든 월동 저장고

뿌리채소

수확 즉시 노화가 시작되는 과일과 달리 뿌리채소는
땅에서 나와도 여전히 살아 있고, 더 자라고 싶어
한다. 뿌리는 이듬해에 싹을 틔우기 위해 겨울 동안
작물이 영양을 저장하는 기관이기 때문이다. 우리가
많이 키우고 먹는 뿌리채소는 대개 이년생식물이다.
다시 말해 이 작물들은 2년을 살고, 첫해 겨울에는
다음 해에 생산할 에너지를 뿌리에 저장한다.
뿌리채소의 저장에서 핵심은 작물을 시원하게 해 살아
있되 생장은 멈추게 하는 것이다. 그 비결은 뿌리채소가
스스로 추운 겨울날 땅속에 있다고 착각하게 유도하는
것. 상업 농가에서는 이를 위해 차가운 저장고를
이용하지만, 우리 집에서는 '클램프clamp(우리 농사에서 땅을
파고 보관하는 움과 유사하다)'라고 부르는 시설을 만들어
저장고로 사용한다. 클램프는 박스나 진흙, 지푸라기를

쌓아 만든 더미로, 그 안에 뿌리채소를 보관한다.
모래나 퇴비 더미를 이용하기도 하는데, 이 경우 채소를
밀봉해야 한다. 클램프에는 내부를 시원하게 유지하는
단열재 역할을 하도록 지푸라기를 덮어두는데, 때로는
꼭대기에 흙을 한 층 덮기도 한다. 내부는 건조하게
유지해야 하므로 눈비가 많은 지역이라면 바닥을 조금
돋워 만든다.
온도와 환경이 급변하면 농작물은 금세 부패하므로
단열을 통해 온도 변화를 최소화해야 한다. 클램프
내부에 지푸라기를 더 쌓거나 창고 안에 클램프를
설치하는 방법도 있다. 에어 캡을 농산물 주위에
둘러주어도 온도 변화를 줄일 수 있다. 저장용
클램프는 햇빛이 저장고의 온도를 높이지 않도록
북향으로 두는 게 이상적이다.

PART 3

쓰레기 줄이기

인류가 지구에서 살아남느냐 마느냐는 우리가 가진 생태 자원을
어떻게 활용하는가에 달렸다. 현재 지구 전역에 닥친 위기를
생각하면 슬프지만 여전히 개개인이 할 수 있는 역할은 있다.

보통 퇴비나 씨앗, 모종, 묘목이나 도구 등을 상점에서 구입한다.
시간과 인적자원을 생각하면 이 방법이 효율적이지만 자원과
에너지를 아끼는 대안을 찾을 방법도 있다.
그리고 꼭 필요한 것만 사는 것 역시 자원을 아끼는 길이다.

생태계는 마치 하나의 생물체처럼 스스로 유지하며 작동한다.
이 장에서는 무료로 토양에 양분을 제공하고,
플라스틱이나 비닐의 사용을 줄이는 방법에 대해 알아본다.
원예용품은 주로 플라스틱 재질이거나 비닐로 포장해 판매한다.
이런 것에 덜 의존한다면 그만큼 우리 텃밭에 플라스틱 사용량을 줄일 수 있다.

기후변화로 강수량이 줄거나 폭우가 쏟아진다.
비가 많이 올 때 빗물을 모아두었다가 가물 때 이용하는 방법은
제로 웨이스트 농법의 첫 번째 퍼즐 조각이다.
빗물을 모아두는 것과는 별개로 토양에 영양을 공급하고 효율적으로
물을 대는 것 역시 중요하다. 건조한 환경에서 잘 자라는 작물과
습한 환경에서 잘 자라는 작물이 무엇인지도 알아두자.
디깅처럼 힘든 과정은 줄이고 능률적으로 텃밭을 가꾸는 방법과
날카로운 기구를 다루는 요령을 터득하고,
지난해 농사에서 남은 작물을 어떻게 이용할지도 알아본다.

모종 키우기

농사에 처음 발을 들인 이라면 대개 씨앗과 모종을 살 것이다. 하지만 해를 거듭하다 보면 자신의 수확물에서 씨앗을 받아 내년을 준비하는 즐거움을 누리고, 과실수를 접붙이는 시도도 할 날이 온다. 이는 크게 어려운 일이 아니다. 식물의 한살이에서 중요한 역할을 맡는 기쁨을 기대해보라.

작물을 키우려는 자리에 바로 씨앗을 뿌릴 수도 있지만, 모종판이나 화분에서 씨앗을 싹 틔운 후 옮겨 심는 방법도 있다. 옮겨심기를 한다는 것은 잘 자란 모종만 옮겨 심는다는 뜻이기 때문에 씨앗을 아끼는 효과가 있다. 당근과 무 같은 작물은 옮겨 심는 것을 권하지 않지만 대부분의 채소는 옮겨 심을 때 이점이 더 많다. 갓 틔운 싹은 병과 벌레(특히 민달팽이)를 견딜 수 있을 만큼 자랄 때까지 세심한 관리가 필요하다. 물론 뿌린 씨앗 전부가 싹을 틔우지는 않으니 땅에 직접 씨를 뿌릴 때에는 필요한 양보다 조금 넉넉하게 뿌리고, 어린잎을 솎아내며 간격을 조정해 교통정리를 해주어야 한다.

모종판

칸막이 트레이cell tray 혹은 모듈이라고도 부르는 모종판은 밭에 옮겨 심기 전 모종을 키우는 용도다. 셀 한 칸에 씨앗을 한 알씩 심는다(혹은 한 칸에 씨앗 두 알을 심었다가 약한 싹은 버리는 방법도 있다). 셀 한 칸의 크기는 작물의 종류에 따라 달라진다. 모종판을 활용하면 퇴비 사용을 줄일 수 있고, 칸이 작아서 물이 금세 말라 씨앗이 썩을 염려도 적다. 견고한 제품은 몇 년씩 사용해도 끄떡없다.

벽돌 활용하기

구멍이 있는 흙벽돌은 모종판처럼 사용할 수 있다. 또는 퇴비를 벽돌 틀에 넣고 모양을 잡아 모종판처럼 사용하는 방법도 있다. 모종을 전문으로 판매하는 농장에서 많이 쓰는 방법이다. 이렇게 하면 어린 모종을 모종판에서 옮겨 심는 것보다 옮겨심기의 충격이 덜하다.

땅에서 땅으로 옮겨심기

쓰레기 없는 농사를 지으려면 땅에 씨앗을 넉넉히 뿌려야 한다. 파종 초기에는 비닐 터널이나 비닐하우스로, 그것이 어렵다면 투명하고 넉넉한 아무 덮개라도 씌워서 보호해야 한다. 씨앗이 싹을 틔우고 떡잎이 올라오고 본잎이 두 개 이상 나오면 땅에서 조심스럽게 뽑아 최종 위치로 옮긴다. 대부분의 배추속 작물과 리크는 이런 방법으로 잘 자랄 수 있으며, 내 경험상 모종판에서 싹을 틔운 작물보다 더 튼튼하게 자란다. 이 방법으로 자란 모종은 옮겨심기하기 전에 이미 제법 크게 자라기 때문에 옮겨 심은 후에도 병충해에 대한 저항력이 높다.

발아 환경은 작물에 따라 다르다. 그중 온도는 발아의 가장 중요한 요소다. 실내의 모종판을 창가로 옮기면 싹을 틔우기에 훨씬 좋다. 약간의 온기가 공급되고 단열이 되는 상자 안에 모종판을 넣는 방법도 있다. 이렇게 하면 씨앗을 싹 틔우기 좋은 환경이 된다. 이런 발아 상자는 최소한의 에너지로 일정량의 열과 수분을 꾸준히 공급해준다. 다만 어떤 작물은 발아하는 데 햇빛이 필요하기도 하다.

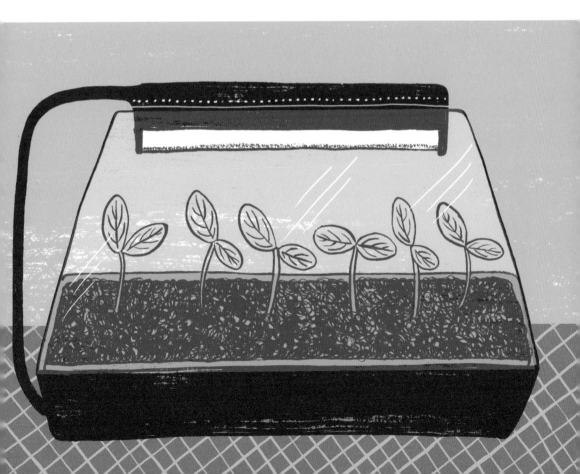

수확량 늘리기

씨앗 받기

농사가 손에 익을수록 자신의 텃밭에 최적화된 건강하고 생산성 높은 씨앗을 얻을 수 있다. 불필요한 포장과 운송을 줄이고, 더불어 쓰레기도 준다. 토마토나 콩, 껍질콩처럼 보관하기 쉬운 작물부터 시작해보자. 이 세 가지는 저절로 가루받이하기 때문에 전해에 심은 작물이 그대로 나온다. 단, 가장 건강하고 많은 열매를 맺은 개체에서 씨앗을 받아야 한다.

뿌리 나누기

돼지감자나 루바브 같은 다년생식물은 몇 년에 한 번씩 분형근root ball을 나누어 수확량을 늘린다. 화분 모양으로 둥글게 뭉쳐 있는 뿌리를 작게 나누어 새로 심는다는 뜻이다. 루바브처럼 뿌리가 억센 경우는 모종삽의 날을 이용해 뿌리를 나눈다. 루바브 뿌리는 매우 튼튼하다. 그러니 뿌리를 나누면서 너무 거친 것이 아닌가 걱정하지 않아도 된다. 돼지감자처럼 뿌리가 세분화된 것은 그중 실한 것을 골라 다시 심는다.

꺾꽂이

많은 식물이 줄기나 순에서 뿌리가 나온다. 블랙커런트와 구스베리는 굵은 조직을 이용하는 하드 커팅hard cutting이라는 꺾꽂이 방식으로 번식한다. 겨울철에 줄기 한 부분을 잘라 땅에 심으면 된다. 로즈메리나 타임처럼 나무같이 자라는 허브는 봄철 새순의 부드러운 쪽 생장점을 이용하는 소프트 커팅soft cutting 방식으로 번식한다.

넝쿨식물 번식하기

딸기, 산딸기, 블랙베리 등은 순을 퍼뜨려 뿌리를 내린다. 순을 떼어내 땅이나 화분에 심는다. 딸기는 줄기가 땅따먹기를 하듯 퍼져나가고, 산딸기는 부드러운 뿌리 순을 내미는데, 생장기가 아닌 계절에 이를 파내 옮겨 심을 수 있다. 왕성하게 자라는 순에서 뿌리를 내리는 블랙베리는 일단 뿌리를 내리면 원가지에서 잘라내 새로 심는다.

접붙이기

접붙이기는 약간 복잡하지만 아주 재미있는 번식법이다. 과일나무의 경우 가지를 잘라 번식용 뿌리가 되는 대목臺木(접을 붙일 때 바탕, 지지대가 되는 나무)에 끼운다. 대목은 병충해에 대한 저항력이나 크기에 맞추어 고른다. 가지와 대목을 연결하는데, 시간이 지나면 이어 붙인 가지와 뿌리가 하나가 되어 번식한다.

비옥한 땅 만들기

작물을 심을 때마다 과립형 시판 비료를 흙에 섞으라고 조언하는 원예 책이 많다. 그러나 이는 대부분 불필요하고 낭비일 뿐 아니라 때로는 흙에 해가 되기도 한다. 식물은 햇빛을 이용해 공기 중의 질소와 탄소를 이산화탄소로 바꾸고, 나머지 영양분은 모두 흙에서 온다. 식물에 필요한 미네랄 같은 무기 영양소는 보통 흙에 다 들어 있다. 토양 생태를 유지하는 핵심은 흙 속 탄소 함량을 높이는 것이다. 흙에 공존하는 식물, 곰팡이, 동물 사이에는 수많은 상호작용이 일어나는데 약간의 도움만 있으면 흙은 제 역할을 한다.

흙은 최소한으로 건드려라

이 말에서 '최소한'은 작물이 제대로 자리 잡을 수 있는 정도로만 땅을 파는 것을 의미한다. 땅을 지나치게 깊게 파면 작물이 제대로 자라지 않는다.

자연에서 온 것을 골라라

퇴비, 두엄, 나뭇조각 등은 토양을 건강하게 가꿔준다. 각기 역할은 다르지만 토양을 비옥하게 한다는 면에서 비슷한 작용을 한다. 바로 토양에 미생물을 제공하고, 토양 생태를 유지하며 활발하게 한다는 것이다.

땅을 놀리지 마라

빈 땅을 놀리면 토양이 비옥해지지 않고, 최악의 경우 황폐해질 수 있다. 이중 파종, 사이 심기, 녹색 두엄 얹기 등을 한다. 쓰레기 없는 텃밭에서는 모든 것이 자원이다. 식물의 버려지는 부분은 퇴비가 되어 흙으로 돌아간다. 토양이 필요한 양분을 충분히 생산하지 못하면 양분을 더해줄 유기물질을 공급해야 한다. 식물의 뿌리 부분을 나뭇조각으로 덮어주면 장기적으로 토양을 비옥하게 만드는 데 도움이 된다. 땅에 묻지 말고, 땅 표면만 슬쩍 덮어준다. 텃밭에 여유 공간이 있다면 나뭇조각을 쌓아두고 여러 달 묵혀 퇴비로 만들어보자. 더 오랜 기간 썩게 두었다가 체에 내리면 수확량을 늘리는 퇴비가 된다. 실험에 따르면 가장 좋다고 하는 토탄(땅에 묻힌 지 얼마 안 된 나무줄기, 식물의 뿌리 등)으로 만든 비료보다 효과가 좋다.

식욕이 왕성한 작물을 키우거나 오래 버려둔 땅을 회복시켜야 해서 뭔가 확실한 처방이 필요하다면 액체 퇴비를 사용해보자. 지속 가능한 방식의 시판 액체 비료도 있지만, 제로 웨이스트 텃밭 농사를 꿈꾼다면 직접 만들어 써보라. 쐐기풀(봄철 잎 생장에 필요한 질소가 풍부하다)과 식물세포 기능 활성화에 도움을 주는 컴프리comfrey(잎이 크고 작은 종 모양의 보라색 꽃이 피는 식물)를 물에 푹 담가 양분을 우려낸 다음 그 물을 작물에 준다.

에너지 사용 줄이기

기계 덜 쓰기

풀 베는 기계나 잔디 깎는 기계 덕에 우리의 삶이 편리해졌다. 하지만 제로 웨이스트를 지향하는 농부라면 가급적 두 손에 의존해야 하지 않을까. 하지만 나 역시 아직 그 경지에는 이르지 못했고, 그저 텃밭 안에서 에너지 소비를 줄일 방법을 소개하는 수준이다. 작은 텃밭은 수동 기계나 낫 사용법을 익혀 관리해도 좋다. 텃밭의 잡일을 운동이라고 생각해 보자. 퇴비로 만들 만한 잔가지는 잘라내고, 썩기 좋게 뚝뚝 분지른다. 텃밭의 풀은 자주 깎지 말고 조금 긴 채로 내버려두자. 에너지 소비만 줄이는 것이 아니라 텃밭 생태계에도 큰 도움이 되며, 무엇보다 토양이 건강해진다. 풀이 길게 자라면 뿌리도 그만큼 깊게 뻗고, 흙 속의 탄소 함량도 높아진다.

기계는 사용하지 않을 때에도 기본적으로 많은 에너지를 소모한다. 농기구를 다른 이와 공동으로 사용하거나 빌려 쓰면 보이지 않게 손실되는 에너지를 조금이나마 줄일 수 있다. 경운기는 필수품은 아니며, 토양에 해롭기도 하므로 가능하다면 쓰지 않는 것을 권한다. 작물을 심기 위한 밑 작업을 할 때에는 종이 상자나 나뭇조각으로 멀칭을 하고, 땅이 비옥해지기를 기다리자.

식물은 약간의 퇴비를 담을 수만 있다면 다 쓴 화장지 심이나 요구르트병 등 어디서든 자랄 수 있다. 모종이 담겼던 플라스틱 화분도 얼마든지 다시 쓸 수 있다. 퇴비를 만들고 포장해 운반하는 데에도 에너지가 들어간다. 작은 공간만 있어도 퇴비를 직접 만들어 에너지 소비를 줄일 수 있다.

노동력 아끼기

상업 농사를 지어본 이들은 알겠지만 한 개체에 들어가는 노동력을 조금만 효율적으로 줄여도 전체 개체를 돌보는 데 들어가는 힘을 꽤 줄일 수 있다. 비슷한 원리로 집에서 텃밭을 가꿀 때 한 가지 일에 들어가는 시간과 수고를 줄인다면 이를 다른 작업에 쓸 수 있다. 노동력을 아끼는 데 도움이 될 만한 방법을 몇 가지 소개한다.

퇴비를 옮기지 말고 퇴비 더미를 옮긴다. 퇴비 더미는 대개 텃밭 구석에 자리 잡는다. 당연히 퇴비는 언젠가 작물이 있는 곳으로 옮겨야 한다. 다음 해에 식욕이 왕성한 작물을 키울 자리에 퇴비를 옮기고, 거기에서 주변으로 뿌리면 영양분의 손실 없이 퇴비를 줄 수 있다.

완두콩이나 강낭콩 혹은 애호박류의 씨를 뿌리고 그 위에 잔가지나 꽃이 진 작물의 줄기를 덮으면 새나 고양이가 씨앗을 헤집는 것을 막을 수 있다. 이것이 장애물처럼 생각될 수도 있을 것이다. 하지만 식물은 이를 거뜬히 이겨내며, 곧 싹을 틔우고 쑥쑥 자란다. 또 루바브나

컴프리의 이파리처럼 큰 잎은 작물 주변의 땅을 덮어 잡초가 자라는 것을 막아주기도 한다.

큰 힘을 들이지 않고 공짜 작물을 얻으려면 작물이 씨를 맺고 여물도록 내버려둬야 한다. 근대나 배추속 작물, 쇠비름나물, 마타리상추(잎이 동그랗고 연한 상추) 등은 가만히 내버려두면 스스로 알아서 사방에 씨를 뿌린다. 이 작물은 어리고 연할 때 수확해 샐러드 재료로 활용하기 좋다.

농기구는 항상 최상의 상태를 유지해야 한다. 또한 의외라고 생각하겠지만, 농기구는 두 세트를 준비하는 것을 권한다. 농기구를 들고 이리저리 옮겨 다니는 일은 생각보다 많은 시간과 인력을 낭비한다. 이를 텃밭을 가꾸는 데 쓰는 것이 더 현명하다. 그리고 누누이 말하지만, 땅 파기는 최대한 자제하자. 땅을 많이 파면 토양의 건강에 좋지 않을 뿐 아니라 농사에 필요한 탄소를 대기 중으로 날려 보내게 된다.

제로 웨이스트 텃밭 도구

제로 웨이스트 텃밭은 준비 단계부터 달라야 한다. 텃밭을 가꿀 때 생각만큼 많은 도구가 필요하지 않다. 상점에 가보면 신박한 발명품이 많지만, 그 하나하나가 모두 에너지이고 자원이다. 구입해서 그대로 정원 창고 선반에 묵히거나 한두 번 사용하다 고장이 날 수도 있다.

도구의 종류는 텃밭이나 정원의 크기에 따라 달라진다. 땅을 파서 뒤집지 않아도 되는 작은 정원은 쇠스랑, 갈퀴, 모종삽, 주머니칼, 전지가위만으로 충분하다. 정원이 조금 크면 외바퀴 손수레, 괭이(잡초를 조금 빨리 제거할 수 있다), 조금 큰 작물을 심기 위한 중간 크기의 삽과 퇴비를 옮길 때 필요한 부삽 정도만 있으면 된다. 그 이상은 사치이거나 개인 선호도의 차이라 할 수 있다. 예를 들어 괭이 디자인은 매우 다양하다. 특정 작물을 위해 만든 괭이도 있다. 대표적인 예로 반달 모양의 양파 괭이는 양파 구근이 상하지 않게 땅을 파도록 고안되었다. 또 이랑의 넓이에 따라 날이 넓거나 좁게 디자인한 괭이도 있고, 내가 좋아하는 맹크스Manx 괭이(가장자리와 모서리 부분을 날카롭지 않게 만든 괭이로, 농기구 브랜드 맹크스사의 제품)처럼 특정 지역에서 발달한 괭이도 있지만 평범한 괭이 하나만으로도 일하는 데는 문제없다.

싼 것보다 품질이 좋은 것으로

질 낮은 저가의 물건을 사는 것은 절약 같아 보이지만, 결국은 더 큰 지출을 낳는다. 싼 것은 금세 휘거나 부서진다. 나는 전지가위 하나를 20년 넘게 써왔다. 살 때는 40파운드(약 6만500원)로 조금 비싼 감이 있었지만, 그 비용을 햇수로 나눠보면 1년에 1~2파운드 수준이다. 10파운드 정도의 싼 제품은 1~2년을 간신히 버틴다.

온·오프라인의 경매나 각종 세일 등에서 도구를 저렴하게 구입하는 방법도 있다. 기본 도구들은 옛날 상품이 요즘 것보다 오히려 내구성이 좋다. 손잡이가 망가진 도구를 버리기 전에 손잡이만 교체할 수 있는지 확인하자. 나무 손잡이가 달린 제품들은 대개 손잡이를 교체할 수 있다.

도구 날카롭게 갈아놓기

무딘 농기구를 쓰면 무리하게 힘을 줘야 하고, 그만큼 기운도 낭비한다. 언제 마지막으로 전지가위의 날을 갈았는지 생각해보자. 다른 도구들도 날을 날카롭게 갈아놓으면 훨씬 도움이 된다. 괭이야말로 정기적으로 날을 갈아두면 그 효율이 하늘과 땅 차이다. 심지어 커다란 삽도 날을 잘 벼려두면 유용하다. 칼이나 가위를 가는 숫돌은 벼룩시장에서도 쉽게 찾을 수 있으며, 낡은 디너 나이프는 전지가위 날을 가는 데 유용하니 이를 활용해도 좋다.

파종과 수확

텃밭 농사에 대한 기본적인 감을 잡게 되면 다음 단계는 다양한 종류와 크기의 작물을 키우고 수확해 오래 저장하는 법을 익히는 것이다.

씨를 뿌리고 모종을 심는 시기는 땅과 기온에 따라 정해진다. 그리고 일조 시간에 따라 생장 주기가 정해지는 광주기성 식물도 있다. 광주기성 식물은 온도가 적합해도 낮의 길이(또는 밤의 길이)가 맞지 않으면 제대로 자라지 못한다. 씨앗의 발아와 초기 생장에 온도는 가장 중요한 요소다. 영하의 온도에 견딜 수 있는 내한성 작물조차 낮은 온도에서는 발아하기가 쉽지 않다.

추운 기후에 잘 견디는 배추속 작물도 4℃ 정도는 되어야 싹이 튼다. 피망이나 토마토는 높은 온도가 필요해 18~25℃는 되어야 활발하게 싹을 틔우고, 날씨가 따뜻해야 잘 자란다.

공간 배치

공간 배치는 딱 떨어지게 계산할 수 있는 문제가 아니다. 사람들은 제한된 공간에서 최대한 많은 작물을 키우고 싶어 한다. 하지만 수확량을 욕심내어 작물을 지나치게 가까이 심으면 주변 공기가 잘 순환되지 않아 병에 걸리기 쉽다. 또한 작물들이 서로 빛과 물을 더 얻기 위해 경쟁하다 보면 급성장을 해 일찍 씨를 맺기도 한다. 반대로 여유 공간을 너무 많이 남겨두면 작물 주변을 잡초가 뒤덮어버리기도 한다.

이처럼 쉽지 않은 일이기는 하지만, 공간 배치는 상황에 따라 적절히 대처하면 의외의 재미가 있다. 콜리플라워는 서로 가까이 심으면 작은 송이를 수확할 수 있다. 무와 비트 같은 뿌리채소는 씨를 촘촘하게 뿌리면 초반에 잘 자란 잎과 줄기를 솎아내

먹을 수 있다. 이런 과정을 통해 나머지 개체들이 좀 더 많은 영양과 공간을 확보해 잘 자라게 된다.

한 번에 모두 수확하는 작물 vs. 여러 번에 걸쳐 수확하는 작물

대부분의 뿌리채소와 여름 호박 종류(애호박이나 주키니), 감자 등은 한 번에 모두 수확하는 작물이다. 한정된 공간 안에서 오랫동안 신선한 수확물을 얻으려면 수확 시기가 다른 종류를 골라 심어야 한다. 빨리 자라고 빨리 수확하는 상추 종류는 한 팀으로 묶어 생각하고, 양파의 경우 같이 보관할 수 있는 작물을 함께 키우는 것도 고려해야 한다.

토마토, 오이와 마찬가지로 콩류도 건강하게만 자란다면 몇 번이고 계속 수확할 수 있다. 하지만 작물은 오래 살수록 병이나 벌레에 취약하다. 어떤 과실수는 계속 열매를 따지 않으면 씨앗을 생산하는 단계로 접어들어 꽃 피우기를 그만둔다. 열매를 줄기차게 얻고 싶으면 물과 양분을 충분히 공급해야 한다. 화분에서 키운다면 더더욱 그렇다.

제로 웨이스트 물 주기

빗물 받아 쓰기

빗물은 공짜다. 그리고 인간의 손을 거친 물보다 식물에 더 좋다. 가능한 한 많은 양의 빗물을 받아두자. 폭우의 계절에 빗물을 받아 하수구와 강으로 흘러 내려가는 물의 양을 줄이는 것만으로도 홍수를 막는 데 기여하는 일이다. 건물에 홈통이 있다면 이를 타고 내려오는 빗물을 받기 쉽다. 홈통의 끝에 빗물 받는 통이나 커다란 빨래 통, 때로는 낡은 쓰레기통이나 욕조를 놓고 받으면 된다. 아니면 땅에 커다란 구멍을 파서 빗물을 받을 수도 있다. 받은 빗물을 펌프로 나오게 하는 시스템이 있는 경우 빗물을 무언가로 덮어두어 깨끗하게 유지하면 펌프의 필터가 막히는 것을 방지할 수 있다. IBC(Intermediate Bulk Container)라는 산업용 대형 저장 탱크는 빗물을 저장하기에 아주 좋다. 일단 사각형이라 굴러떨어질 위험이 없고, 아래쪽에 수도꼭지가 달려 있어 받은 빗물을 이용하기도 쉽다.

땅속 수분 유지하기

빗물을 저장하는 가장 좋은 방법은 땅속에 가능한 한 많이 가두어두는 것이다. 토양의 유기물 함량이 높아지면 수분 보유 능력도 향상된다. 척박하고 모래가 많은 토양의 경우 바이오차biochar(산소 공급이 제한된 조건에서 바이오매스를 열분해시켜 생산할 수 있는 고체 물질)를 섞으면 수분 보유 능력을 높이는 데 도움이 된다. 멀칭 역시 토양의 수분을 오랫동안 유지하기 좋은 방법이다. 땅에 그늘을 만들고 수분의 증발을 막을 수 있는 것이라면 무엇이든 사용할 수 있다. 수분을 가둬두는 효과는 비닐이 뛰어나지만 나는 천연 퇴비나 나뭇조각, 하다못해 낡은 털옷 같은 천연 재료를 사용하며 비닐은 되도록 멀리하려고 노력한다.

한 번에 흠뻑 물 주기

땅에서 자라는 식물에 물을 줄 때는 자주 주는 것보다 한 번에 넉넉히 주는 것이 좋다. 매일 조금씩 물을 주면 흙 표면의 1~2cm 정도만 젖게 되어 뿌리가 그 정도 깊이에서 더 이상 뻗어나가기 쉽지 않다. 흙 표면이 마르면 뿌리는 말라 죽게 된다. 따라서 땅속 깊은 곳까지 젖도록 물을 흠뻑 주어야 뿌리가 깊이 내리고, 설사 흙 표면이 마르더라도 깊이 뻗은 뿌리 덕에 작물이 잘 버틴다.

관개 시스템 활용

나는 땅에 작물을 처음 심고 물을 흠뻑 주어야 하는 때를 제외하고는 물 주는 것을 되도록 피한다. 이 방법은 기후가 덥고 건조하지 않으며, 토양의 유기물 함량이 높은 경우 많은 식물에 적용된다. 물론 예외도 있다. 상추처럼 예민하고 잎이 많은 식물은 정기적으로 물을 주어야 한다. 콩이나 주키니처럼 규칙적으로 열매를 맺는 작물도 열매를 맺는 동안에는 꾸준히 물을 주어야 한다. 물을 줄 때는 물조리개를 이용하며, 호스를 사용한다면 일정 수준의 수압이 있는 게 좋다. 물을 흘려보내는 관개 시스템은 노동력을 줄이면서 물 낭비를 막는 효율적인 방법이다.

PART 4

무엇을 얼마나 심을까

발코니에 화분 몇 개를 들여놓든 주말농장을 분양받든 무엇을 얼마나 키울까
결정하는 일은 쉽지 않다. 인터넷 자료 검색이 결정하는 데
도움이 되기는 하지만 대략의 일반적 정보를 제공할 뿐 어떤 작물에서
어느 정도 수확을 기대할 수 있는지 등을 자세히 알려주지는 않는다.

이 책은 바로 그런 방면에서 길잡이가 되고자 한다.
그리고 작물을 키우는 데 필요한 도움말을 조금씩 적었다. 엄청나게 많은 작물을
소개하는 건 아니다. 다만 내 생각에 적절하다 싶은 작물을 엄선하고,
그것들을 키우려면 어느 정도의 공간이 필요한지 감을 잡는 데 도움이 되고자 한다.
읽다 보면 각자의 환경에 따라 무엇을 얼마나 심을지 대략의 계산이 가능할 것이다.
앞에서 이야기했듯이 수확량을 좌우하는 변수는 너무나도 많기 때문에
이 숫자를 황금률로 여겨서는 안 된다. 그저 텃밭 농사 계획 단계에서
기준으로 삼기 좋은 자료 정도로만 생각하면 좋겠다. 자세한 내용을 더 많이 알고
싶다면 각 채소나 과일 품목당 적어도 한 권씩의 책이 필요할 것이다.
식물 품목마다 적은 수고로 최대의 수확을 거두는 방법과 어떤 작물의 어느 부분은
먹고 어느 부분은 못 먹는지에 대한 설명을 덧붙이고, 수확이 끝난 다음 심어놓은
작물을 최대한 어떻게 활용할 수 있는지에 대해서도 다룬다.

아무리 규모가 작아도 텃밭은 복잡한 생태계. 우리는 아직도 주변 생태계를
건강하게 유지하고 더불어 행복해지는 데 익숙하지 못하다. 겨울 동안 배추속
작물들이 꽃을 피우도록 내버려둔다든지, 빈 땅에 식물들이 저절로 씨를 뿌려 녹색
두엄 역할을 하게 하는 등의 이야기는 한두 가지 사례일 뿐이다. 인간과 자연을
동시에 이롭게 할 방법은 훨씬 많다. 만약 정리 정돈을 좋아하는 깔끔한 성격이라면
모든 것을 완벽하게 하려는 욕심을 버려야 할 수도 있다.

루콜라

Eruca sativa, E. versicaria

루콜라(이탈리아어인 루콜라는 영국과 호주에서는 로켓, 미국에서는 아루굴라라고 부른다)는 키우기 쉽고, 샐러드와 피자에 활용하기 좋다. 꽃이 필 때까지 잘 크며, 꽃도 먹을 수 있다. 샐러드에 강렬한 맛을 더하고 싶다면 샐러드용 루콜라 대신 야생 루콜라를 길러보라.

씨뿌리기	늦은 봄이나 늦은 여름, 땅에 바로 씨를 뿌린다. 이른 봄이나 가을에는 커버를 덮어 키운다.	
모종 심기	필요 없다.	
수확	파종 후 4~6주	
먹는 방법	신선할 때 샐러드로 먹거나 페스토를 만들어 냉동 보관한다.	

수확량

	한 포기당	1m²낭
전체	100g	1kg
1회	50g	500g

키우기

+ 싹도 빨리 트고 키우기 쉽다.

+ 씨앗은 1~5cm 간격으로 줄을 맞춰 뿌린다. 일정
  공간을 루콜라로 뒤덮을 목적으로 골고루 뿌려도
  된다. 이렇게 하면 노는 땅이 없어 잡초 피해를 줄일
  수 있다. 싹이 트면 10cm 간격으로 한 포기씩 남기고
  솎아내 연한 잎을 먼저 먹는다.

+ 수확할 때는 날카로운 칼이나 가위를 이용한다.
  이때 뿌리에 너무 가깝게 자르면 생장점을 잘라낼
  수 있으니 지표면에서 3~5cm 정도 올라온 지점을
  자른다.

+ 한 번 심으면 적어도 두 번은 수확한다. 날씨가 선선한
  곳에서는 꽃이 피기 전 서너 번까지 수확이 가능하다.

+ 대부분의 배추속 작물과 마찬가지로 루콜라는 낮은
  온도를 잘 견디기 때문에 이른 봄이나 늦은 가을에
  훌륭한 샐러드 재료가 된다. 너무 덥거나 건조하면
  잘 자라지 못하고 일찍 꽃을 피운다. 더울 때는 물을
  충분히 준다.

+ 루콜라는 스위트콘이나 양배추처럼 느리게 자라는
  작물과 사이 심기에 좋다. 루콜라를 두어 번 수확할
  즈음이면 같이 심은 다른 작물이 훌쩍 커서 루콜라에
  그늘을 드리운다. 그때 그대로 두면 벌레를 끌어들여
  생태계 순환이 원활해진다. 남은 루콜라가 느리게
  자라는 주작물과 경쟁한다면 마지막 잎까지 수확한
  후 가운데 줄기를 퇴비 더미에 넣는다.

+ 일년생식물인 샐러드용 루콜라와 달리 야생 루콜라는
  더 짧게 살지만 다년생식물이다. 따라서 꽃이 핀 후
  캐내지 말고 그대로 둔다.

제로 웨이스트 팁

+ 루콜라꽃은 예쁠 뿐 아니라 먹을 수도 있다.

+ 만약 꽃을 따서 먹을 기회를 놓쳤다면 어린 씨앗의
  꼬투리를 먹을 수 있다.

+ 씨앗의 꼬투리마저 먹을 기회를 놓쳤더라도 걱정하지
  말 것. 씨앗이 다 자라면 다음 해 농사를 위한 씨앗을
  무료로 제공할 테니 말이다.

수확량이 많다면

+ 크게 자란 루콜라는 볶음 요리에 넣거나 시금치
  대용으로 사용할 수 있다.

+ 많은 양이 남으면 푸드 프로세서에 오일을 넣고
  갈아서 페스토를 만든 다음 냉동 보관한다.
  이때 호두, 마늘 등을 함께 섞어 만들 수도 있고,
  캐서롤(서양식 찜 요리) 요리에 향을 내는 용도로
  소스에 섞어도 좋다.

상추

Lactuca sativa

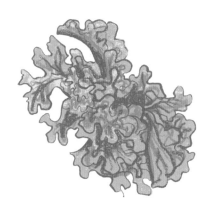

1970년대 영국에는 상추가 세 종류밖에 없었다.
전통적인 로메인 상추와 버터헤드 상추 그리고 세련된
현대 품종이지만 맛은 밍밍하기 짝이 없는 양상추.
지금은 시중에 판매되는 상추의 종류도 엄청나게
다양하고 재배할 상추 선택의 폭도 넓다.

씨뿌리기	봄에서 가을까지
모종 심기	봄에서 가을까지
수확	봄에서 가을까지
먹는 방법	봄에서 가을 사이에는 생으로 먹고, 저장하면 1년 내내 먹을 수 있다.

수확량(포기 상추)

	한 포기당	1m²당
큰 것	800g	7.25kg
작은 것	300g	6kg

수확량(잎상추)

	한 포기당	1m²당
전체	150g	7.5kg
1회	25g	1.5kg

키우기

✦ 상추는 크게 잎을 따 먹는 종류와 포기 전체를
수확하는 종류로 나뉜다. 두 가지 수확 방법이 모두
가능한 종류도 있다. 잎을 따도 또 자라는 잎상추는
대개 땅에 바로 씨를 뿌리는데, 비교적 촘촘하게
뿌린다. 반면 포기상추는 모종판에서 싹을 틔워
옮기는 편이 더 잘 자란다.

✦ 살라노바라는 신품종은 포기상추처럼 보이지만,
사실은 잎 하나하나가 가까이 붙어 있는 것이다.

✦ 상추가 다 자라기까지는 45~100일 정도 걸린다. 많이
수확하려는 욕심만 버리면 언제라도 여린 상추를
수확할 수 있다. 상추를 계속 먹으려면 씨를 꾸준히
뿌려주어야 한다.

✦ 대량으로 생산하는 상업 농가에서는 1~2주에 한 번씩
씨를 뿌리지만, 일반 가정에서는 그보다 조금 더
간격을 둔다. 나는 3~4주에 한 번 정도 씨 뿌리는
것을 권한다.

상추 씨앗은 날씨가 너무 더우면 싹을 틔우지 않기 때문에 시원한 장소에서 키워야 한다. 마땅치 않다면 초기에라도 시원하도록 야간에 씨를 뿌린다.

온도는 상추의 생장에도 직접적 영향을 끼친다. 상추는 시원한 날씨와 중간 정도의 수분 공급을 좋아하며, 지나치게 건조하거나 더우면 성장을 멈춘다.

어떤 종자는 일조량이 낮거나 추운 겨울에도 잘 견디도록 개량되었다. 비록 한겨울의 바깥 날씨까지 견딜 정도는 아니더라도 비닐 터널이나 온실을 갖춘다면 어느 계절에도 잘 자랄 수 있다. 윈터 마블Winter Marvel이나 렌 드 글라스Reine de Glace(얼음의 여왕이라는 뜻) 같은 품종은 비닐 터널이나 온실처럼 약간의 보호막만 있으면 늦은 가을에 씨를 뿌리고 한겨울에 또 뿌려도 된다.

신기하게도 렌 드 글라스는 더운 날씨에도 잘 견디고, 여름철에도 웃자라는 경향이 적다. 더운 여름 날씨에 훨씬 잘 견디는 다른 품종도 있다. 다양한 종류의 상추를 많이 심어보면 수확률도 점점 증가할 것이다.

제로 웨이스트 팁

상추 씨앗은 여름철에 기온이 떨어지고 습하지만 않으면 보관이 아주 쉽다. 상추꽃이 피더라도 뽑아내지 말고 몇 그루를 밭에 남겨놓자. 상추는 대개 스스로 가루받이하기 때문에 받아놓은 씨앗은 다음 해에도 같은 품종의 싹을 틔운다. 이 경우 구입한 씨앗보다 싹을 더 잘 틔우기도 한다.

잎을 하나하나 따먹어도 상추의 머리 부근(대개 지면에서 2.5cm 정도 되는 지점)을 자르면 새순에서 두 번째 수확을 얻을 수 있다.

수확량이 많다면

상추는 대개 생으로 샐러드에 넣지만 익혀서도 얼마든지 먹을 수 있다. 상추로 수프를 만들면 아주 맛있다. 또한 상추는 각종 볶음 요리나 키슈의 부재료로 넣어도 되고, 상추를 포기째 찌는 방식으로 먹어도 좋다.

굵은 줄기가 없는 상춧잎은 양배춧잎처럼 말이 요리에 사용하기 좋다. 양배춧잎처럼 질기지 않기 때문에 두 장을 겹쳐 싸는 것을 추천한다.

상추는 너무 크지만 않으면 통째로 피클을 담가도 좋다. 큰 것은 손으로 몇 번 뜯어주면 된다. 이때 딜을 넣어 맛을 내면 정말 맛있는 피클이 완성된다.

물냉이

Nasturtium officinale

씨뿌리기	봄이나 늦은 여름
모종 심기	봄에서 이른 여름 혹은 이른 가을
수확	여름에서 가을까지
먹는 방법	생으로 먹거나 수프에 넣는다.

지루한 겨울이 끝나도 바로 정원에서 봄기운을 느끼기는 어렵다. 그래서 나는 해마다 봄의 정원에, 아니면 화분에라도 물냉이를 키운다. 물냉이는 물만 충분히 주면 잘 자란다.

키우기

+ 물냉이는 샐러드용 어린 채소처럼 키우면 된다. 화분이나 모종판에 씨를 뿌린 다음, 싹이 나면 넓은 화분이나 텃밭으로 옮긴다.
+ 물냉이에는 습한 땅이 좋다. 펌프로 물을 공급하는 연못에서 매우 잘 자라지만, 감염이나 오염 물질을 피해 깨끗한 물에서 길러야 한다.

수확량

	한 포기당	1m²당
전체	1.3kg	26kg
1회	325g	6.5kg

잎채소

아스파라거스

Asparagus officinalis

아스파라거스는 봄을 맞는 즐거움을 주는 식물이다.
나는 겨우 6주밖에 되지 않는 아스파라거스 시즌 동안 매일 먹을 수
있을 정도로 아스파라거스를 사랑한다. 적합한 토양만 있으면
아스파라거스는 잡초처럼 잘 자란다. 아스파라거스는 마땅히
수확할 것이 거의 없는 이른 봄에 수확할 수 있어 더욱 소중하다.

씨뿌리기	봄철. 21~29℃ 사이가 이상적이다.
모종 심기	늦가을, 이른 봄, 휴면기에 심는다.
수확	15cm 정도 자라면 흙 바로 아랫부분에서 순을 자른다.
먹는 방법	늦은 봄에서 이른 여름 사이 얼리거나 피클을 담그면 1년 내내 먹을 수 있다.

수확량

	한 포기당	1m²당
전체	500g	3kg
1회	50g	300g

키우기

+ 아스파라거스는 씨앗도 있고, 최근에 나온 종자(1세대
  하이브리드 씨앗이라는 종자도 있다)는 모종으로만 구할
  수 있다. 씨를 뿌리는 방법이 비용 면에서 가장 적게
  든다.

+ 신품종 아스파라거스는 대부분 수컷이다. 암컷보다
  수확량이 더 많다.

+ 크라운(아스파라거스 싹을 '크라운'이라 부른다)을 옮겨
  심을 때는 45cm 간격으로 띄어 심는다.

+ 날씨가 추울 때는 크라운을 덮는 멀칭으로 삭힌
  나뭇조각이나 지푸라기를 이용한다. 이렇게 하면
  한해살이 잡초를 막을 수 있다. 여러해살이 잡초는
  늦가을부터 봄까지 첫 순이 올라오기 전에 두꺼운
  비닐 멀칭을 해준다. 두꺼운 비닐 멀칭은 잡초를
  없애지는 못해도 번식을 늦춘다.

+ 아스파라거스는 모래같이 가벼운 토양을 좋아하며,
  염분이 있는 환경에서도 잘 버틴다. 만약 토양이
  모래 성분이 적고 끈적한 점토질이라면 텃밭 상자를
  만드는 편이 낫다. 아주 튼튼하고 영구적인 것을 만들
  필요까지는 없고 뿌리가 젖어 있지 않도록 물이 잘
  빠지는 골이 있으면 충분하다.

+ 아스파라거스는 해충 피해가 별로 없는 대신
  딱정벌레가 많이 꼬인다. 검은색과 오렌지색으로
  이뤄진 그 아름다운 생명체 말이다. 딱정벌레가 눈에
  띄기 시작할 때 잎을 잘라주면 딱정벌레의 번식을
  조금 막을 수 있다.

+ 늦은 봄부터 초여름까지 약 6주 동안 2~3일에 한 번씩
  수확할 수 있다.

+ 아스파라거스는 심은 후 처음 몇 해 동안은 수확하지
  말고 스스로 튼튼해지도록 놔둔다.

제로 웨이스트 팁

+ 아스파라거스는 어린순만 먹을 수 있으나(일단 싹이
  순을 내기 시작하면 금세 굵어져 못 먹는다), 양치식물
  모양의 아스파라거스 잎사귀는 꽃꽂이에 더하면
  아름답다. 단, 잎사귀를 자를 때 순을 건드리지
  않도록 주의하자. 특히 어린 개체의 순은 다음 해를
  위해 양분을 비축해두어야 하기 때문이다.

수확량이 많다면

+ 정원이 어마어마하게 크지 않다면 직접 키운
  신선한 아스파라거스가 남아서 보관할 일은 거의
  없다. 그럴 리 없겠지만 혹시 감당하기 어려울 만큼
  아스파라거스가 남는다면 얼려도 괜찮다. 살짝 데쳐
  물기를 빼고 트레이에 편편하게 펼쳐 붙지 않게
  얼린다.

+ 아스파라거스는 훌륭한 피클 재료이기도 하다.
  유럽에서는 주로 두껍고 하얀 아스파라거스로 피클을
  담그지만 조금 가는 것이나 녹색 아스파라거스도
  괜찮다.

셀러리

Apium graveolens

상점에서 파는 줄기가 길고 연한 색의 셀러리를 길러내는 것은
쉽지 않지만 텃밭 농사를 짓는다면 도전해볼 만하다. 셀러리
중에서 셀프 블랜칭Self-branching 품종은 단맛이 강하지는 않지만
기르기 쉽다. 또한 향이 강해 스톡이나 스튜 재료로 좋다.

씨뿌리기	이른 봄
모종 심기	늦은 봄이나 이른 여름
수확	첫서리가 내리기 전(모종을 심고 100~130일이 지난 뒤) 땅에서 5~8cm 정도 올라왔을 때
먹는 방법	생으로 먹기도 하고 채소 스톡이나 수프, 스튜에 넣어도 좋다.

수확량

	한 포기당	1m²당
전체	1뿌리	15뿌리

키우기

+ 처음부터 씨앗을 뿌려 성공하기는 쉽지 않다. 농사 경험이 많지 않다면 모종으로 구입하는 편이 낫다.

+ 셀러리는 텃밭의 프리마돈나다. 풍부한 영양과 수분을 필요로 하며, 잘 다독이고 공을 많이 들여야 한다. 모종을 심기 전 토양에 퇴비를 넉넉히 섞고, 심은 뒤에는 물을 충분히 준다. 셀러리 모종이 생장 초반에 물이나 추운 기온으로 스트레스를 받으면 줄기보다 잎이 무성해지고, 웃자라 일찍 꽃을 피우기도 한다.

+ 옮겨 심을 때는 화분에 갇힌 것처럼 뿌리가 뭉치지 않도록 세심하게 살핀다. 셀러리는 뿌리가 뭉치면 크게 스트레스를 받고 웃자라 일찍 꽃이 핀다.

+ 어린 셀러리는 적어도 13℃ 이상의 온도를 유지해주어야 한다. 기온이 충분히 따뜻하지 않은데 일찍 심는 실수를 하지 말라.

+ 셀러리는 종종 쓴맛이 나기도 하는데, 전문 농가에서 쓴맛을 막기 위해 사용하는 방법이 바로 '블랜칭'이다. 빛을 일부 차단해 줄기 부분의 엽록소 생성을 막는 방법이다. 이렇게 키운 셀러리 줄기는 색이 훨씬 연하고, 단맛이 강하다. 셀러리를 블랜칭하는 기법은 다양한데, 우선 줄기 부근에 흙을 쌓아 빛을 차단하는 방법이 있다. 가장 쉬운 방법은 종이나 마분지로 줄기를 하나하나 감싸는 것이다. 이 작업은 수확하기 2주 전에 한다.

제로 웨이스트 팁

+ 셀러리 이파리는 샐러드에 조금 섞어 먹으면 좋다. 대부분의 요리에 파슬리 대용으로 사용할 수 있고, 채소 스톡에 넣으면 환상적이다.

+ 만약 셀러리가 먹을 만큼 자라기도 전에 꽃을 피우거나 너무 일찍 질기고 딱딱해지면 그대로 놔둔다. 셀러리꽃은 곤충들에게 인기가 높다. 특히 솔저 딱정벌레가 셀러리꽃을 사랑한다. 이 경우 줄기와 잎은 먹지 못해도 씨앗을 얻을 수 있다. 셀러리씨는 요리에 다양하게 사용하고, 특히 생선이나 닭 요리 혹은 볶음 요리에 좋다.

+ 셀러리를 수확할 때는 땅에서 3~4cm 정도 남기고 자른다. 이렇게 두면 새순이 나고 줄기가 더 자란다. 두 번째로 나온 줄기는 조금 더 짧고 이파리가 많지만 맛은 여전히 좋다.

+ 시판 셀러리를 심어 줄기를 더 키울 수도 있다. 아랫부분에서 5cm를 남기고 뿌리가 자라날 때까지 물에 담가둔 다음 화분이나 흙에 옮겨 심는다.

수확량이 많다면

+ 셀러리는 냉동 보관하기 좋다. 적당한 길이로 잘라 살짝 데쳐 얼려두고 소스나 스튜를 만들 때 활용한다.

+ 셀러리는 말려도 좋다. 말리면 향이 더 강해진다. 줄기와 이파리를 모두 말릴 수 있는데, 줄기는 얇게 썰어서 말린다. 잘 말린 셀러리는 보관 기간이 길어 두고두고 스튜나 스톡을 만들 때 요긴하다.

잎채소

시금치

Spinacia oleracea

고백하건대 나는 생산성도 좋고 추운 날씨에
잘 견디는 근대를 좋아해 시금치 키우기는 거의
포기했다. 하지만 시금치는 섬세한 식감과 은근한
맛을 지닌 독특하고 매력적인 채소다.

씨뿌리기	이른 봄이나 늦은 여름, 땅에 뿌리기도 하고 모종판에 뿌리기도 한다.	
모종 심기	봄이나 늦은 여름부터 이른 가을까지	
수확	이른 여름이나 가을에서 겨울까지	
먹는 방법	여름부터 이른 겨울까지는 생으로 먹고, 얼려두거나 피클로 만들어 1년 내내 먹는다.	

수확량

	한 포기당	1m²당
전체	150g	4.5kg
1회	75g	2.25kg

키우기

+ 시금치는 엄청 빨리 자라는 데다 이파리를 따내지
  않고 줄기까지 모두 먹을 수 있다. 시금치를 수확하는
  방법은 세 가지가 있다. 첫째는 샐러드용으로
  어린잎을 따는 방법이다. 둘째는 머리 부분까지
  통째로 따는 방법인데, 이렇게 먹으면 수확량이
  3분의 1 정도 줄어든다. 셋째는 이파리만 키워서 따고
  나서 또 따는 방법으로, 이렇게 먹으면 가장 많은
  양을 얻을 수 있다.

+ 시금치는 자칫하면 훌쩍 웃자란다. 많이 덥거나
  건조한 환경에서는 금세 씨를 맺는 단계로
  성숙해버린다. 이른 봄이나 늦은 여름처럼 계절적으로
  시원할 때 씨를 뿌리고, 물을 충분히 주면 웃자랄
  위험을 줄일 수 있다.

+ 시금치의 생장을 위협하는 또 다른 존재는 바로
  곰팡이다. 최근에는 곰팡이에 강한 품종이 다양하게
  나왔지만 축축한 환경에서는 작물 사이에 여유
  공간을 조금 넉넉히 두어 주변으로 공기 순환이 잘
  되게 해주는 것이 중요하다.

+ 두 번의 수확을 기준으로 할 때 1m²의 공간에 20cm
  간격으로 세 줄 심으면 적당하다.

제로 웨이스트 팁

+ 쓰레기를 줄이는 가장 좋은 방법은 냉장고에 들어갈
  새도 없이 얼른 먹는 것이다. 나는 수확한 당일이나
  다음 날 시금치를 모두 소비하는 것을 좋아한다.
  잎채소는 이렇게 바로 먹는 것이 최선이다. 하지만
  시금치를 보관해야 할 일이 생기면 이파리가 무르지
  않도록 조심스럽게 씻어 살살 물기를 말린 다음
  재사용 가능한 비닐봉지나 반찬 통, 유리병 등에 여유
  있게 담는다.

수확량이 많다면

+ 시금치는 풍성해 보여도 익히면 양이 적다. 그렇다
  보니 시금치가 너무 많다고 생각한 적은 별로 없는
  듯하다. 하지만 정말로 많이 남는 경우에는 익혀서
  라사냐나 키슈의 부재료로 사용한다.

+ 시금치는 얼려두어도 괜찮다. 오래 보관할 생각이
  아니라면 씻어서 물기를 뺀 다음 반찬 통이나 지퍼
  팩에 넣어 얼린다. 냉동실에 오래 보관하려면 살짝
  데쳐 얼려야 한다.

+ 시금치 역시 피클을 담가 보관할 수 있지만, 맛이
  강하지는 않기 때문에 다른 채소와 함께 담그거나
  향신료를 넉넉히 넣어야 한다.

근대

Beta vulgaris subsp. vulgaris

근대와 사촌 격인 '사철 시금치'는 전문 농업인들이
좋아하는 채소다. 수확량도 많고, 추운 날씨에 잘 견디며,
병충해에도 강한 편이다. 가정용 텃밭에서도 이런 장점은
여전히 빛을 발하며, 보기에도 아름답다. 나는 근대를 채소용
텃밭뿐 아니라 관상용 꽃밭에도 심는다.

씨뿌리기	봄이나 늦은 여름. 비닐 터널에서 키우면 이른 가을에도 가능하다.
모종 심기	봄에서 여름 혹은 늦은 여름에서 이른 가을
수확	긴 한파가 닥치지 않는 한 1년 내내 키울 수 있다.
먹는 방법	생으로 먹는다. 냉동 보관도 가능하다.

수확량

	한 포기당	1m²당
전체	1.3kg	26kg
1회	325g	6.5kg

키우기

+ 근대는 케일과 더불어 식탁에 신선한 잎채소를 올리는
  가장 쉬운 방법 중 하나다. 이파리가 크고 굵으며,
  수분이 많은 흰 줄기로 이뤄진 것은 '스위스 근대'라
  부른다. 적근대와 무지개 근대는 이보다 조금 작고,
  익은 후에도 줄기 색이 생생하다.

+ 줄과 줄의 간격을 45cm 정도 두고, 한 줄에는 30cm당
  한 포기씩 심는다.

+ 근대를 수확하는 방법은 두 가지다. 첫째는 안쪽의
  어린잎은 더 자라도록 남겨두고 바깥쪽에서부터
  잎을 따는 방법이다. 둘째는 근대 줄기를 땅에서부터
  손가락 한 마디 정도만 남기고 통째로 자른 다음 새로
  자라게 두는 방법이다. 두 번째 방법이 더 빠르고
  손쉽지만, 수확한 잎의 크기가 제각각인 데다 작은
  잎은 수확하다 조금씩 손상될 수 있다. 또한 잘라낸
  줄기 단면에 죽은 잎 조각이 들어갈 위험도 있기
  때문에 나는 시간이 조금 걸려도 잎을 하나씩 따는
  편을 선호한다.

제로 웨이스트 팁

+ 근대 중에서도 스위스 근대는 굵고 수분이 많은
  줄기와 잎 부분으로 나뉜 두 가지 채소가 한 몸에
  들어 있는 셈이다. 잎은 시금치인데, 조리 후에도
  고유한 향과 질감을 그대로 유지한다는 차이가 있다.
  줄기는 완전히 별개의 채소라 다르게 취급해야 한다.
  나는 주로 줄기를 잘게 잘라 기름에 5~10분 정도
  볶은 다음 잘게 썬 잎을 넣어 함께 빠르게 익힌다.
  이렇게 하면 질감이 훨씬 더 아삭하다. 이와 반대로
  부드럽고 깊은 맛을 원한다면 와인이나 식초를 넣은
  후 뚜껑을 덮어 약한 불에서 30분간 천천히 익힌다.

+ 스위스 근대는 갯근대를 개량한 작물이다. 잎을 보면
  근대가 비트와 한 가족이라는 것을 알 수 있다. 따라서

근대 뿌리를 식용으로 따로 길러 팔지는 않아도 먹을
수 있다는 것이 그리 놀랍지는 않다. 하지만 여러
달 동안 근대잎을 따서 먹었다면 사랑스러운 비트
뿌리보다 질긴 상태가 되어 있을 확률이 높다. 그러나
질긴 근대 뿌리도 약한 불에 오랫동안 구우면 먹을 수
있다. 게다가 풍부한 견과류 향이 난다.

+ 만약 근대를 너무 많이 심어 먹는 속도가 수확 속도를
  따라갈 수 없는 경우에는 뿌리가 비교적 어리고
  부드러울 때 뽑아 뿌리까지 먹으면 된다.

+ 나의 경우 커다란 근대잎은 랩처럼 속재료를 넣고
  말아 먹는다. 잎을 통째로 쪄낸 다음, 잎 위에 맛이
  진한 재료를 올리고 돌돌 만다. 잎이 찢어져도
  속재료가 나오지 않도록 두 장을 겹치기도 한다.

수확량이 많다면

+ 줄기와 잎은 따로 준비하되, 둘 다 데쳐서 지퍼 팩에
  담아 얼린다.

+ 근대 줄기는 훌륭한 피클 재료다. 무지개 근대의
  가지각색 줄기로 피클을 담아 유리병에 담아놓으면 참
  예쁘다. 피클로 만든 근대 줄기는 잘게 썰어 햄버거의
  부재료로 활용해도 되고, 크게 썰어 사이드 메뉴로
  즐겨도 좋다.

페널

Foeniculum vulgare var. dulce

나는 회향류의 향신료를 사랑한다. 땅에서 갓 뽑은 뿌리와 이파리도
그 자리에서 씹어 먹을 수 있을 정도다. 페널은 종종 웃자라기도
하지만, 여전히 제로 웨이스트 텃밭의 유망주다. 뿌리가 완전히
성숙하기 전에도 이파리와 뿌리를 식재료로 사용할 수 있으며,
꽃이 피고 씨앗이 맺힐 때까지 기다렸다가 수확할 수도 있다.

씨뿌리기	늦은 봄에서 이른 여름 사이에 씨를 땅에 뿌려도 되고, 모종판에 싹을 틔워도 된다.
모종 심기	이른 여름
수확	늦여름에서 가을
먹는 방법	생으로도 먹고 익히기도 한다. 스톡이나 수프, 스튜에 넣기도 한다.

수확량

	한 포기당	1m²당
전체	250g	8kg

키우기

+ 페널은 옮겨심기를 싫어한다. 옮겨 심으면 웃자랄
  위험이 높다. 넓고 큼지막한 판에 씨를 뿌린 다음 한
  군데에 같이 올라오는 싹을 건드리지 않고 그대로
  두는 방법이 가장 좋다. 새싹이 마르지 않도록 물을
  충분히 준다.

+ 만약 땅에 씨를 바로 뿌릴 경우에는 약 1cm 간격으로
  꽤 촘촘하게 심고, 나중에 솎아내어 최종적으로 20cm
  정도 간격을 준다. 솎아내기는 일찌감치 해야 한다.
  만약 좁은 땅에 뿌리가 웅크리고 자리 잡으면 제대로
  된 구근으로 자라지 못할 수도 있다. 다른 작물과
  마찬가지로 솎아낸 어린싹은 샐러드에 넣거나 다져서
  오믈렛에 넣는다.

+ 향신료로 쓰는 많은 작물이 그렇듯 페널 역시 강렬한
  향 덕분에 벌레가 잘 꼬이지 않는다. 재배 페널은
  야생 페널보다 맛이 순한 편이지만, 방어기제는
  여전히 작동하기 때문에 병충해 피해가 별로
  없다. 하지만 페널마저 피해갈 수 없는 것이 바로
  민달팽이로, 특히 어린싹일 때 더욱 취약하다.
  자라면서 민달팽이에게 피해를 입는 일은 점점
  줄어든다.

제로 웨이스트 팁

+ 땅 위로 올라온 페널은 거의 모든 부분을 먹을 수
  있다. 지금은 주로 동그랗고 빵빵한 구근을 얻기
  위해 페널을 키우지만, 사실 페널잎은 오래전부터
  차나 샐러드에 활용하거나 아니스 향이 나는 허브로
  사용했다. 페널잎의 갈라진 부분에 설탕으로 옷을
  입히면 아니스 향이 나는 맛있는 캔디가 된다.

+ 구근보다는 조금 질길 수 있지만 줄기 역시 맛있다.
  어릴 때에는 셀러리 스틱처럼 페널 줄기를 먹고
  질겨지면 부드럽게 익혀 먹는다.

+ 페널꽃도 먹는다. 페널의 꽃가루는 강렬한 감초 향과
  감귤 향이 도는 화려하고 귀한 식재료다. 영국에서는
  1g에 1파운드(약 1600원) 정도에 판다. 페널 꽃가루를
  얻으려면 약간의 줄기가 붙은 꽃을 통째로 딴다.
  꽃을 깨끗한 종이 봉지에 거꾸로 넣고 입구를 묶은
  뒤 살살 흔들어 봉지 안에 떨어지는 꽃가루를 모은다.
  꽃가루를 털어낸 꽃 역시 버리지 않는다. 꽃이 완전히
  마르면 손으로 비벼 가루로 만든 다음 음식의 향을
  내는 데 사용한다.

+ 페널 씨앗 역시 요리에 쓰이는 소중한 향신료다. 특히
  고기 요리에 강렬한 풍미를 더해준다(90~91쪽 참조).

+ 페널 구근을 캘 때 완전히 다 파내지 말고 몇 개
  정도는 다시 자라도록 둔다. 두 번 또는 운이 좋으면
  세 번까지도 작고 귀여운 구근을 덤으로 얻을 수
  있다.

+ 아무리 노력해도 페널이 항상 동그랗고 실한 구근을
  키워내는 건 아니다. 나뭇가지 같은 녹색 순만 땅
  위로 올려 보내기도 하는데, 이런 녹색 순은 계속
  놔둘 만한 걸까? 물론이다. 이 억센 순은 먹을 만한
  식재료는 못 되지만, 대충 잘라 스톡을 끓일 때
  넣으면 아주 좋은 향을 낸다.

수확량이 많다면

+ 페널로 만든 피클은 식탁에 큰 기쁨을 안겨준다.
  피클로 만들어도 페널의 식감은 여전히 살아 있으며,
  강렬한 맛으로 존재를 뚜렷이 나타낸다.

+ 페널은 얼려 보관하기도 좋다. 단, 큰 구근은 얼었다
  녹으면 질겨지므로 어린 구근을 얼리는 것이 가장
  좋다. 물론 질겨진 큰 구근 역시 스톡에 넣으면 좋다.

콘 샐러드

Valerianella locusta

콘 샐러드corn salad, lam's lettuce는 상치아재비 또는
마타리상추라고도 부른다. 보통 상추보다 비타민 C 함량이 3배
높은 작고 연한 샐러드 채소다. 추운 기후에 잘 견디며, 꽃을
피우고 씨를 맺는 한여름만 제외하고 1년 내내 키울 수 있다.

씨뿌리기 늦여름 혹은 이른 봄, 땅에 바로 뿌린다.
모종 심기 필요 없다.
수확   딸 수 있을 정도로 이파리가 올라오면
          바로 따서 먹는다.
먹는 방법 샐러드로 먹는다.

수확량

	한 포기당	1m²당
전체	25g	1.75kg
1회	계산 불가	계산 불가

키우기

+ 땅에 씨앗을 뿌린다. 줄 맞춰 뿌려도 되고 한 구획에
  빽빽하게 뿌려도 된다. 최종 간격은 10cm 정도가
  좋지만, 촘촘하게 씨를 뿌리고 나중에 솎아줘도 된다.

+ 추운 날씨에 잘 견뎌 겨우내 죽지 않고 살아내지만
  사실 5℃ 이하에서는 잘 자라지 못한다. 다른 겨울철
  샐러드 작물과 마찬가지로 비닐 터널에서 키울
  수 있다. 하지만 추운 계절에도 작물이 건강하게
  자라려면 반드시 비닐 터널을 환기해주어야 한다.
  흔히 비닐 터널 안에 따뜻한 공기를 가둬두어야
  한다고 생각하는데, 이는 밤이나 바람이 심한 날 혹은
  매우 추운 날에 한해서다. 평소에는 정기적으로 문을
  열어 공기가 잘 통하게 하는 것이 중요하다.

+ 뜀벼룩갑충과 같은 해충 피해가 많지 않은 편이라
  야외에서도 재배하기 쉽다. 특히 요즘은 기후변화로
  겨울철 기온이 높아진 곳이 많아 더욱 쉬워졌다.

+ 비록 씨앗은 쉽게 싹을 틔우고 잘 자라지만, 크기가
  작은 작물이다 보니 빨리 자라는 잡초에 덮일 위험이
  있다. 초반부터 주변에 잡초가 있는지 잘 살피고,
  눈에 띄면 일찌감치 제거한다.

+ 대부분의 잎채소가 그렇듯 건조한 것을 싫어한다.
  물을 충분히, 꾸준히 준다.

+ 이파리의 크기가 작아 수확할 때 성가신 면이 있다.
  그래서 나는 주로 지면 가까이에서 한 포기를 통째로
  자르는 방법을 사용한다. 하지만 귀찮더라도 이파리를
  하나씩 수확하면 좀 더 오래 수확물을 얻을 수 있다.

제로 웨이스트 팁

+ 몇 포기는 꽃이 필 때까지 그대로 두어 씨를 맺게
  하면 다음 해에는 저절로 씨를 뿌려 싹을 틔운
  밭을 얻을 수 있다. 콘 샐러드는 텃밭에 별 말썽을
  일으키지 않는다. 워낙 크기가 작아 다른 작물을
  위협하거나 가리는 일이 없기 때문이다.

수확량이 많다면

+ 주로 샐러드로 먹지만 찌거나 시금치 대용으로
  쓰고, 작게 잘라 수프에 넣을 수도 있다. 많은 양을
  수확하면 이를 주재료로 수프를 끓일 수도 있다.
  500g 정도로 4인분을 만들 수 있는데, 강렬한 맛은
  없기 때문에 닭고기나 블루치즈처럼 깊은 풍미를
  더해줄 다른 재료와 함께 끓이면 좋다.

배추와 순무

Brassica rapa

배추와 순무 등 배추속 작물에 대해 할 말이 무척 많다. 모양과 색이
다양하지만 대부분 녹색 잎이나 부드러운 줄기를 먹기 위해 기른다.
고추나 겨자처럼 알싸한 향이 있는 품종이 많고, 어떤 것은 화끈한
맛을 내기도 한다. 그런 종류는 잎이 자라면서 맛이 더 세진다.
배추와 순무는 시원한 계절에 키우기 좋지만 겨울철 비닐 터널이나
온실에서도 잘 자란다. 동양 배추 종류는 크게 세 가지로 나뉜다.

씨뿌리기	봄이나 늦여름
모종 심기	늦은 봄이나 이른 가을
수확	봄에서 가을까지
먹는 방법	생으로도 먹고, 피클로 담가 1년 내내 먹을 수도 있다.

배추류

중국 배추, 소송채라고도 부르는 고마쓰나(일본의
겨자 시금치) 등이 여기에 속한다. 양배추처럼 꼭지가
작은 것도 있다. 잘게 썰어 양배추나 상추 대용으로
먹거나 볶음 재료로 써도 훌륭하다. 1m²당 여섯
포기를 두 줄로 3개씩 심으면 적당하다.

수확량

	한 포기당	1m²당
전체	1kg	6kg

청경채류

영어로 팩 초이pak choi, 조이 초이joi choi,
복 초이bok choy 등의 이름이 붙은 것은 모두
청경채 가족이다. 청경채는 전체적인 모양이
근대와 비슷하며, 굵은 줄기와 진녹색의 이파리
부분으로 나뉜다. 찌거나 끓이거나 볶아 먹으면
맛이 훌륭하지만, 조금 일찍 수확해 생으로
먹어도 매력 있다. 1m²당 12개의 모종을 4개씩
세 줄로 심거나 모종이 작다면 5개씩 두 줄로
심으면 적당하다.

수확량

	한 포기당	1m²당
큰 것	750g	9kg
작은 것	100g	5kg

경수채류

잎이 훨씬 많고, 겨자처럼 쏘는 맛이 난다. 주로
어릴 때 수확해 샐러드로 먹지만 크게 자라도 여전히
맛있고 부드럽다. 단, 자랄수록 점점 더 매워진다는
점은 주의!

수확량

	한 포기당	1m²당
전체	200g	12kg
1회	50g	3kg

잎채소

키우기

+ 배추나 청경채 종류는 맛이 좋은 채소지만
  민달팽이도 그렇게 생각한다는 게 큰 문제다. 특히
  어리고 연할 때 민달팽이의 공격을 받기 쉽다.
+ 배추류의 또 다른 천적은 뛰벼룩갑충이다.
  싹이 난 지 얼마 안 되어 날씨가 덥고 건조하면
  뛰벼룩갑충이 작물 전체를 망칠 수 있다. 다른
  자잘한 병으로부터 작물이 입는 피해는 외관의
  손상(주로 잎이나 줄기에 갉아먹은 자국을 낸다) 정도라
  대개는 먹는 데 지장이 없다. 비닐 터널이나
  온실에서 키우거나 일시적이라도 투명한 덮개를
  덮어주면 해결할 수 있다. 하지만 비닐 터널,
  온실, 덮개 등 어느 것이라도 틈새로 뛰벼룩갑충이
  들어가는
  것을 막아야 하기 때문에 확실하게 외부와
  차단해야 한다.
+ 배추나 청경채 등은 감자를 심기 전에
  심기 적당한 작물이며, 심은 지 얼마 안 되는 풀밭
  사이에 심으면 구렁방아벌레의 애벌레로 인한
  피해를 막아준다.

제로 웨이스트 팁

+ 웬만하면 어릴 때 수확한다. 대부분의 배추류는
  무척 빨리 자라기 때문에 톡 쏘는 맛이 나는
  종류는 금세 매워지고 질겨진다. 갑자기 자라 꽃이
  피어도 줄기를 먹을 수 있다.

수확량이 많다면

+ 볶음 요리 재료로 좋다.
+ 동양 배추, 특히 미국에서 내파 캐비지라고 부르는
  배추는 훌륭한 피클 재료이기도 하다. 이 배추가
  바로 김치를 담그는 배추다.

얼마나 자주 따나요?

이파리를 하나하나 딴다면 며칠에 한 번씩
수확하고, 전체 포기를 수확하려면 2~4주 정도
키워야 한다. 하지만 날씨가 많이 춥거나 반대로
너무 더운 경우에는 생장 시간이 조금 더 걸린다.

겨울 쇠비름

Claytonia perfoliata

씨뿌리기	늦은 봄이나 이른 여름, 땅에 직접 뿌리거나 모종판에 뿌린다.
모종 심기	이른 여름
수확	늦은 여름에서 가을 사이
먹는 방법	생으로 먹기도 하고, 익혀 먹기도 한다. 스톡, 수프, 스튜 재료로 좋다.

광부 상추 혹은 클레이토니아라고도 부르는
겨울 쇠비름은 훌륭한 겨울철 샐러드 재료다.
영하 35℃나 그 이하에서도 살아남는 초극한성
식물이지만, 보호막을 덮어 키울 때 가장 잘 자란다.

키우기

+ 겨울 쇠비름은 비교적 낮은 온도에서도 빨리 싹을 틔운다. 따라서 더 큰 작물들 틈새에 사이 심기를 하거나 다른 작물의 수확이 끝난 추운 땅에 심기도 좋다.

수확량이 많다면

커다란 잎이나 많은 양을 수확했다면 시금치처럼 삶아 먹거나 수프의 주재료로 사용한다.

수확량

	한 포기당	1m²당
전체	75g	5.25kg
1회	25g	1.75kg

얼마나 자주 따나요?

3~4주에 한 번 수확하면 된다.

잎채소

루바브

Rheum × *hybridum*

루바브를 설명하려면 원예가이자 작가인 로런스 D. 힐스를
인용하는 수밖에 없겠다. "저 대범한 구스베리보다도 먼저
등장하는 새봄의 첫 번째 과일이여. 새나 서리에도 강하고,
저잣거리의 소란에도 끄떡없으며, 자두보다도 우수한 영양가는
최소한의 수고로 텃밭 최고의 영양을 제공한다."

씨뿌리기	봄
모종 심기	가을이나 겨울
수확	봄에서 이른 여름까지
먹는 방법	봄에서 이른 여름에는 생으로 먹고, 저장, 냉동 보관하면 1년 내내 먹을 수 있다.

수확량

	한 포기당	1m²당
전체	2kg	2kg
1회	400g	400g

키우기

+ 루바브는 두 가지 장점이 있다. 하나는 추위에 매우 강하고, 또 하나는 병충해에도 아주 강하다는 것. 제로 웨이스트를 추구하는 농부에게 이보다 더 좋을 수 없다. 또한 겨울 농사가 끝나고 여름 작물을 수확하기까지 채소 공백 기간에 수확할 수 있으니 여간 사랑스러운 게 아니다. 통통한 루바브 싹이 올라오면 길고 어두운 겨울날은 지나고, 신선한 채소의 계절이 왔다는 신호다.

+ 루바브 역시 씨를 사서 뿌릴 수 있지만, 씨로 나와 있는 품종은 몇 가지 안 되고, 그나마 많이 달지 않은 종류다. 그래서 나는 싹이 튼 모종을 사다 심는 것을 권한다. 한 번 심으면 최소한 10년간은 수확할 수 있으니, 그 비용이 절대 아깝지 않을 것이다.

+ 루바브가 만족스러운 수확량을 내지 못하는 시점이 온다. 그때가 되면 루바브를 갈라줘야 한다. 땅에서 파내어 작물의 크기에 따라 줄기를 셋 또는 넷으로 가른 다음 다시 심는다. 이렇게 심은 루바브는 그 후 10년 혹은 그보다 오래 수확물을 안겨준다.

+ 루바브는 추운 겨울 날씨가 필요한 몇 안 되는 작물 중 하나다. 하루 중 낮의 길이가 10시간 이하로 줄어들면 생장을 멈추고 휴식기에 들어가는데, 이 휴식기가 끝나려면 4℃ 이하의 날씨가 어느 정도 지속되어야 한다. 열대지방에서 루바브를 키운다면 휴식기가 없이 자란다는 뜻이다.

+ 연한 핑크색의 달콤한 줄기를 얻기 위해 자라는 순에 빛을 차단해 속성 재배하기도 하며, 생장 촉진을 위해 따뜻한 온도에서 키우기도 한다. 대단한 기술력이 필요한 것은 아니고, 그저 커다란 빈 휴지통 같은 것으로 덮어주면 된다. 다만 같은 개체를 매년 연한 핑크색의 루바브로 만드는 것은 안 된다. 나는 해마다 키우는 루바브의 3분의 1 정도만 연한 핑크색으로

만들고 나머지는 1~2년 정도 회복할 시간을 준다.

제로 웨이스트 팁

+ 루바브의 커다란 잎은 먹을 수 없다. 진짜 못 먹는다. 루바브잎에는 독성 물질인 수산이 높은 농도로 들어 있다. 하지만 루바브잎이 쓸모없지는 않다. 나는 루바브잎으로 다년생식물 주변의 지면을 덮어 잡초를 다스린다. 오래 가지는 못하고 자연으로 돌아가지만, 덮어둔 동안은 잡초의 생장을 확실히 더디게 한다.

+ 루바브잎은 탄 프라이팬을 닦는 데에도 쓴다. 이파리 몇 장을 팬에 넣고 약간의 물과 함께 끓이면 이파리 안의 산성 성분이 탄 얼룩을 없애는 역할을 한다.

수확량이 많다면

+ 잼과 처트니(향신료를 넣어 만든 소스)는 루바브를 보존하는 가장 확실한 방법이다. 또한 루바브는 냉동도 간단하다. 그저 몇 번 잘라서 트레이에 담아 얼린 다음 지퍼 팩에 담아 보관하면 된다.

+ 루바브의 시큼털털한 맛은 시럽으로 제격이며, 루바브 시럽은 팬케이크나 아이스크림에 곁들여 먹기 좋다.

+ 루바브가 엄청 많이 남는다면 와인을 만드는 방법도 있다. 조금 더 단맛이 나는 과일과 섞으면 좋다. 수확과 동시에 루바브를 얼렸다가 먹을 때 녹여서 다른 과일과 섞어 만든다.

바질

Ocimum basilicum

갓 따낸 바질 향만큼 여름을 대표하는 것이 있을까. 나는 오븐에서 금방
꺼낸 피자 위에 신선한 바질을 뿌려 먹는 것을 사랑한다. 그뿐인가. 어떤
샐러드나 파스타에 넣어도 훌륭한 마침표를 찍어준다. 바질은 따뜻한 생장
환경을 좋아한다. 이것만 맞추면 키우기가 매우 쉽다.

씨뿌리기   봄에서 이른 여름 실내에서 화분이나 모종판에
                씨를 심는다.
모종 심기   이른 봄에는 무언가로 지붕을 덮어 키우고, 늦은
                봄이나 여름에는 야외에서 키운다.
수확   초여름이나 늦여름부터 이른 가을 사이에
                실내에 들여놓고 딴다.
먹는 방법   여름에서 초가을까지는 신선한 것을 먹고,
                얼리거나 병에 담아두면 1년 내내 먹을 수 있다.

수확량

	한 포기당	1m²당
전체	50g	1.25kg
1회	150g	3.6kg

키우기

✦ 바질은 추위에 취약하다. 싹을 틔우는 시점부터 성숙기 초반까지는 적어도 20℃ 이상의 온도가 꾸준히 이어져야 한다. 얼른 신선한 바질을 얻고 싶은 욕망을 누르고 외부 온도가 적당해질 때까지 기다려 바깥에 심는 것이 핵심이다. 나 역시 그 욕심을 다스리지 못하고 조금 일찍 심었다가 바질 농사를 망치거나 바질이 엄청 더디게 자랐던 경험이 있다.

✦ 실내에서 바질을 키우려면 개체 사이에 적어도 20cm의 간격을 띄어야 한다. 야외에서 키울 때는 조금 작게 자라는 경향이 있어서 좀 더 가까이 심어도 된다. 야외에서는 1㎡ 안에 25개체 정도까지 심을 수 있다.

✦ 땅에서 바질을 키우고 날씨가 지나치게 덥지만 않다면 바질은 제법 잘 버틴다. 6주에서 두 달 정도의 기간에 일주일이나 2주에 한 번씩 수확한다. 꽃이 피지만 않으면 세 번까지도 수확이 가능하다. 한 번 딸 때 많이 따지 않고 이파리 몇 개 정도만 딴다면 훨씬 자주 수확할 수 있다. 수확할 때 줄기를 길게 남겨둘수록 다시 자라는 데 더 긴 시간이 필요하다. 바질잎을 자주 따면 새잎이 더 잘 자라지만, 지나치게 많이 따면 작물이 충격을 받아 웃자랄 수도 있다.

✦ 아주 더운 날씨에는, 웃자라는 것을 막기 위해 이틀이나 사흘에 한 번 물을 줘야 한다. 하지만 기본적으로 바질은 덥고 비교적 건조한 것을 좋아하니 물을 너무 많이 주면 안 된다.

제로 웨이스트 팁

✦ 언젠가는 바질도 웃자라는 시기가 오는데, 그렇다고 해서 바질 농사가 끝난 것은 아니다. 여전히 바질의 꽃을 먹을 수가 있다. 이파리보다는 향이 조금 옅지만 사랑스러운 맛이다. 이파리에 달린 줄기 역시 음식에 같이 넣어도 되지만 아래쪽의 두꺼운 부분은 질기다.

✦ 아름답고 풍성한 바질 모종을 샀는데 오래 버티지 못하고 죽어버려 실망한 적은 없는지? 이런 경우는 대체로 멋지게 보이려고 한 화분에 너무 많은 씨를 뿌려 흙 속에 여러 모종을 키울 만큼의 영양이 충분하지 못해 그런 것이다. 이럴 때는 모종을 셋이나 넷으로 나누어 각각 더 큰 화분으로 옮기거나 마당으로 옮겨 심으면 된다. 이렇게 하면 오랫동안 신선한 바질을 얻을 수 있다.

수확량이 너무 많다면

✦ 바질 수확이 넘쳐날 때마다 내가 찾는 방법은 당연히 페스토다. 페스토는 얼려도 맛이 훌륭하다. 바질만 무성하게 쌓여 있고 다른 페스토 재료가 없다면, 일단 바질잎과 오일(또는 버터)만 갈아서 얼리고 나머지 재료가 갖춰질 때 완성하면 된다.

로즈메리 · 타임 · 오레가노 · 세이지

Salvia Rosmarinus 로즈메리
Thymus Vularis 타임
Origanum Vulgare 오레가노
Salvia officinalis 세이지

지중해 요리의 주춧돌 같은 역할을 하는 허브들로, 기르기도 쉽고
맛과 향도 뛰어나다. 로즈메리와 세이지, 타임은 추운 날씨에 잘 견뎌
겨울에도 푸른 잎을 유지하며 연중 내내 신선한 맛을 즐기게 해준다.

씨뿌리기 봄철에 씨를
뿌리거나 늦은
봄에 꺾꽂이
방식으로 심는다.
모종 심기 가을
수확 연중 신선한 것을
수확할 수 있다.
먹는 방법 연중 신선하게
먹을 수 있고,
말리거나 오일을
발라 얼려도 된다.

수확량

	타임 한 포기당	세이지/로즈메리/ 오레가노 한 포기당	타임 1m²당	세이지/로즈메리/ 오레가노 1m²당
전체	40g	200g	320g	800g
1회	2g	10g	16g	40g

84

키우기

+ 로즈메리는 씨를 뿌려 키우기에 어려운 면이 있지만 나머지 세 종류는 온도가 따뜻하면 잘 자란다. 하지만 가정에서는 그렇게 많은 허브가 필요하지는 않으므로 마음 편하게 모종 한두 포기 정도만 사는 것도 좋다.

+ 집에 허브를 들여놓으면 봄에 꺾꽂이 방식으로 번식할 수 있다. 다년생식물인 오레가노는 가을에 꺾꽂이 한다. 여기 소개한 허브들은 다년생식물이기는 하지만 오래 살지 못하며 몇 년에 한 번씩 새로 심어야 한다. 같은 작물에서 수확을 계속하면 점점 나무처럼 되고 허브 수확이 준다.

+ 허브를 번식시킬 필요가 없더라도 신선하고 어린 허브 잎을 계속 얻기 위해 꺾꽂이를 해주면 좋다. 이렇게 하면 작물의 수명을 연장시킬 수 있고, 길게 자라 늘어질 걱정도 없다. 특히 타임은 계속 잘라주는 것이 중요한데 자칫하면 금세 나무처럼 딱딱해지고 허브를 쓰기가 번거로워진다. 한 가지 쉬운 방법은 허브 하나당 모종을 3개씩 준비해 몇 주에 하나씩 꺾꽂이로 꽂는 것이다. 이렇게 하면 시차를 두고 자라나 허브 모종이 무성해질 것이다.

+ 이 허브들은 대체로 토양이 부실한 곳에서 자라던 종류들이라 대부분의 기후 환경에서는 물을 줄 필요가 없다. 하지만 태양은 필요하다.

+ 식탁에 신선한 변주를 더하고 싶을 때에는 레몬 타임이나 파인애플 세이지 같은 종류를 키우는 것도 추천한다.

제로 웨이스트 팁

+ 허브 역시 꽃을 먹을 수 있다! 이 네 가지 허브의 꽃들은 모두 생으로 먹어도 되고, 익힌 음식에 넣어 향을 더할 수도 있다. 허브가 꽃을 한창 피우는 시기까지 계속 이파리를 수확할 수 있다는 뜻이기도 하다. 내가 특히 사랑하는 것은 타임꽃인데 타임 향과 함께 후추처럼 톡 쏘는 향이 난다.

수확량이 많다면

+ 허브를 넉넉히 마련해두고 싶은 마음으로 키우다 보면 어느 순간 필요 이상으로 많은 허브를 보며 당황할 수 있다. 허브는 대부분의 피클, 스튜 그리고 수프에 넣을 수 있다. 나는 음식뿐 아니라 장식용으로도 수북이 쌓아두어 유인살충주(유기 농법에서 벌레를 유인하는 역할)로 이용한다.

+ 세이지 이파리를 튀기면 맛있다. 팬에 기름을 조금 붓고 10~20초간 살짝 튀긴다. 튀겨서 그냥 먹어도 되고, 샐러드나 수프에 뿌려도 좋다.

+ 허브 꽃을 얼음 틀에 얼려 여름 음료에 장식하면 근사하다.

파슬리와 고수

Petroselinum crispum 파슬리
Coriandrum sativum 고수

파슬리와 고수는 엄연히 서로 다른 식물이지만, 허브 잎을 먹기
위해 키운다는 의미로 볼 때 다루는 방법이 같다. 시차를 두고
연속적으로 씨를 뿌리면 신선한 파슬리와 고수를 끊길 새 없이
누릴 수 있다. 파슬리를 조금 더 오래 키우면 뿌리까지 수확할
수 있고, 파슬리와 고수 둘 다 씨를 얻을 수 있다.

씨뿌리기 이른 봄에서 이른 여름 사이에는 땅에
바로 씨를 뿌리고, 가을에는 모종판에
뿌린다.
모종 심기 봄에서 여름 사이 또는 가을
수확 봄에서 가을까지
먹는 방법 봄부터 가을 사이에는 신선한 것을
먹고, 얼리거나 병에 저장해 1년 내내
먹는다.

수확량

	한 포기당	1m²당
전체	150g	3.6kg
1회	50g	1.25kg

키우기

✤ 파슬리와 고수는 씨를 자주 뿌리고 물을 잘 주는 것이 최고의 재배 방법이다.

✤ 일년생식물인 고수는 건조하고 더운 환경에서는 웃자라기 쉽다. 품종을 고를 때 웃자라지 않는다고 표시된 것을 찾을 것. 물론 씨앗 포장에 적힌 말이 항상 그대로 실현되지는 않는다. 심을 때는 20cm 간격으로 줄지어 심고, 줄 사이는 20~30cm 띄도록 한다. 고수는 금세 싹이 트기 때문에 더디게 자라는 작물 중간에 사이 심기를 하기 적당하다. 고수 씨앗은 대체로 저렴하니 주 작물의 생장에 방해가 된다 싶으면 한두 번 잎을 따 먹고 바로 제거해도 부담이 없다. 지속적으로 고수를 수확하고 싶으면 2, 3주에 한 번씩 새로 씨를 뿌린다. 두세 번 정도 수확하고 나면 기후에 따라 웃자랄 수도 있다.

✤ 다년생식물인 파슬리는 고수보다 좀 더 튼튼하며, 다년생이지만 이파리를 얻는 것이 주목적이라 종종 일년생식물처럼 키운다. 잎이 넓적한 것, 돌돌 말리는 것, 혹은 거대 파슬리 등 종류가 다양하다. 파슬리를 일찍 수확하고 싶으면 늦여름에 씨를 뿌려 이른 가을에 바깥으로 옮겨 심는다. 잎이 돌돌 말리는 종류는 추운 날씨에 강해 기온이 올라가기 시작하는 이른 봄까지 추운 겨울 땅을 잘 견디면서 신선한 잎을 낸다. 가을에 심은 파슬리 역시 이듬해 가을에 뿌리를 수확할 때까지 잘 자란다.

얼마나 자주 따나요?

일주일이나 3주에 한 번씩 수확한다.

제로 웨이스트 팁

✦ 고수와 파슬리의 꽃도 먹을 수 있는데, 특유의 섬세한
향이 있어 샐러드에 넣으면 좋다.

✦ 고수 씨앗은 정말로 맛있다. 오래전부터 고수 씨앗은
다 익은 다음 말리거나 통으로, 또는 갈아서 향신료로
썼다. 씨앗은 녹색일 때 수확해 파스타의 치즈
소스나 볶음 요리에 넣어 고수 씨앗의 독특한 풍미를
누린다. 파슬리 씨앗 역시 먹을 수 있는데, 페널 씨앗
대용으로 사용할 수 있다.

✦ 한 해를 보낸 파슬리를 다음 해까지 땅에 두면 뿌리를
수확할 수 있다. '함부르크 파슬리'라는 품종은
특별히 뿌리를 먹기 위해 개발한 파슬리다.

수확량이 많다면

✦ 파슬리나 고수처럼 신선한 잎을 이용하는 허브는
버터나 오일과 함께 얼리면 좋다.

✦ 정말 감당하기 어려울 만큼 많은 양을 수확했다면
두 가지 허브 모두 페스토로 만들면 된다.

✦ 나는 종종 이 두 가지 모두 잎을 다 따버리기보다는
꽃을 피우고 씨를 맺을 때까지 기다린다.

고수와 파슬리의 꽃도 먹을 수 있는데,
특유의 섬세한 향이 있어 샐러드에
넣으면 좋다. 씨앗은 녹색일 때 수확해
파스타의 치즈 소스나 볶음 요리에 넣어보자.

민트

Mentha spicata and others

얼마나 자주 따나요?

그때그때 필요한 만큼 딴다. 정기적으로 따주면 어리고 부드러운 잎이 꾸준히 난다.

세상에서 가장 키우기 쉬운 작물을 고르라면 첫손에 꼽을 수 있는 게 바로 민트다. 땅에서도, 화분에서도, 심지어 작은 반찬통에서도 잘 자란다. 잎을 자주 따주고, 화분에 키울 경우 해마다 여러 개의 화분에 나누어 다시 심는다면 신선한 새잎을 꾸준히 얻을 수 있다.

키우기

✦ 대개 민트는 씨앗에서 싹을 틔우기 쉽지만 나는 작은 민트 모종을 하나 사서 키우며 다음 해에 화분을 나누는 방법을 좋아한다. 엄청나게 많은 민트가 필요한 경우가 아니라면 대부분 이 정도로 충분하다. 민트는 워낙 왕성하게 잘 자라서 화분 하나로도 어느 순간 필요 이상으로 많은 민트를 얻게 될 것이다.

수확량

	한 포기당	1m²당
전체	200g	5kg
1회	50g	1.25kg

허브

블랙 커민 · 양귀비 · 해바라기 · 페널

Nigella damascene 블랙 커민
Papaver somniferum 양귀비
Heliathus annus 해바라기
Foeniculum vulagare 페널

씨앗까지 먹을 수 있는 작물의 종류는 다양하지만, 여기에 등장하는
네 가지는 오직 씨앗을 얻기 위해 작물을 키워도 그 노력이 아깝지 않은
것들이다. 네 가지 모두 아름답기도 해서 텃밭에 심기만 해도
보람 있다. 단, 씨앗이 익어서 다시 땅으로 떨어지기 전에 수확해야 한다.

씨뿌리기	봄철에는 블랙 커민과 양귀비 씨앗을 땅에 바로 뿌리고, 해바라기와 페널은 화분이나 모종판에 뿌린다.
모종 심기	해바라기와 페널 모종은 늦은 봄이나 이른 여름에 땅으로 옮겨 심는다.
수확	늦은 여름에서부터 이른 가을까지
먹는 방법	수확해서 바로 먹을 수도 있고, 병에 밀봉해 1년 내내 먹을 수도 있다.

수확량

	한 포기당	1m²당
블랙 커민	3g	120g
양귀비	25g	500g
해바라기	100g	600g
페널	10g	120g

키우기

✦ 나는 씨앗을 많이 먹는다. 씨앗은 식물이 '자식'에게 먹일 영양분을 꾹꾹 눌러 담은 결정체다. 씨앗이 싹을 틔우면 새싹은 씨앗에 저장된 양분을 이용해 더 많은 영양분을 흡수할 뿌리와 햇볕을 받을 잎을 낸다.

✦ 톡톡 씹히는 양귀비 씨앗이나 향기 가득한 블랙 커민, 혹은 강렬한 향의 페널처럼 어떤 식물은 씨앗을 얻기 위해서 키울 만하다.

✦ 블랙 커민은 놀랍도록 멋진 식물이다. 내 텃밭은 스스로 싹을 틔운 작물로 가득해서 나는 굳이 블랙 커민을 새로 심지 않고, 해마다 씨앗 꼬투리가 익어서 터질 무렵 씨앗의 일부만 수확하고 나머지는 다음 해를 위해 남겨둔다. 다음 해의 수확을 위해 빈 땅에 씨앗을 흩뿌리고 대충 갈고리로 긁어주면 어김없이 싹이 튼다.

✦ 양귀비는 항상 같은 곳에 심는다. 양귀비는 다른 것들보다 조금 변덕스러워 다루기가 어려운데, 그나마 정원에서 어느 정도 자리를 잡은 다음에는 스스로 씨를 뿌리고 해를 이어가며 자란다. 단, 초반에 민달팽이나 잡초가 생기지 않는지 잘 살펴야 한다.

✦ 해바라기는 조금 더 관심을 갖고 돌봐야 한다. 해바라기는 하나하나가 제법 큰데, 특히 씨앗을 얻기 좋은 품종은 더욱 크다. 바람에 꺾이지 않도록 지지대를 세워야 할 수도 있다. 새들도 해바라기씨를 좋아하기 때문에 일단 씨가 잘 익은 뒤에는 새들이 선수 치지 않도록 재빨리 수확해야 한다. 줄기째 수확해 건조한 곳에 거꾸로 매달아 씨앗이 완전히 익게 하는 방법도 있다.

✦ 질 좋은 페널씨를 수확하고 싶다면 웃자란 페널이 씨를 주는 대로 운에 맡기지 말고, 처음부터 페널의 일부를 씨앗용으로 분류하라. 나는 다년생식물인 페널을 심어 잎은 허브로 이용하고 좀 더 자라면 씨앗을 맺게 하는 방법을 좋아한다.

수확량이 많다면

✦ 양귀비씨, 해바라기씨 등을 아주 많이 수확했다면 빵 반죽에 섞거나 토스트, 샐러드에 곁들여 먹으면 좋다.

✦ 블랙 커민 씨앗은 볶음 요리나 카레에 넣으면 맛이 좋아진다.

✦ 이 네 가지 씨앗이 아무리 먹어도 다 먹지 못할 만큼 많다면 정원에 흩뿌려보자. 훗날 꽃만 감상해도 행복할 것이다.

새들도 해바라기씨를 좋아하기 때문에 일단 씨가 잘 익은 뒤에는 새들이 선수 치지 않도록 재빨리 수확해야 한다. 줄기째 수확해 건조한 곳에 거꾸로 매달아 씨앗이 완전히 익게 하는 방법도 있다.

배추속 작물

Brassica oleracea

배추속에 속하는 작물들은 모두 가까운 친척이고 언제라도 교차 수분이
가능하다. 배추속은 크게 양배추과Brassica oleracea와 순무과Brassica rapa로 나뉜다.
양배추과는 모든 종류의 양배추, 케일, 방울양배추, 콜리플라워와 브로콜리
등을 포함하며, 순무과에는 순무, 겨잣잎, 배추 등이 들어간다.
인류는 오랜 세월 꽃 모양이나 이파리 크기, 색깔, 혹은 포기를 이루는 모양을
기준으로 다양한 배추속 작물을 분류하고 키워왔다. 이 종류를 키워본 모든
이의 공통된 고민거리는 어떻게 하면 수확한 작물을 버리는 것 없이 다 먹는가
하는 것이다. 배추속 작물에 관한 세부 사항은 차차 짚어나가기로 하고,
여기서는 일반적으로 키우고 수확하는 데 필요한 정보만을 다루기로 한다.

키우기

+ 큼직한 녹색 잎과 넉넉한 포기 사이즈를 보면 짐작할
수 있듯 양배추는 식욕이 아주 왕성하다. 벌레에도
잘 견디는 튼튼한 작물로 키우려면 일단 토양이
튼튼해야 한다. 돌려짓기를 하는 동안 양배추를
심을 구역에 퇴비나 두엄을 미리 섞어 비옥한 토양을
만든다. 그런데 토양에 질소 함량이 너무 높으면 다른
채소도 그렇듯이 양배추가 급하게 자라버린다. 이런
경우 세포벽이 충분히 두껍게 자라지 못해 작물의
수분을 빨아먹는 벌레나 곰팡이의 피해를 입기 쉽다.
튼튼하게 키우되 서두르지 말자. 다음 해에 양배추를
심을 자리에 퇴비나 두엄을 섞어주면 토양의 질소
함량이 지나치게 높아지는 것을 막을 수 있다.

+ 양배추는 시원한 기후에서 키우기 그만이다. 낮은
온도에서도 싹을 잘 틔우고, 심지어 10℃ 정도의 낮은
온도나 일조량이 적은 환경에서도 잘 자란다. 당연히
많이 덥고 건조한 환경에서는 잘 버티지 못한다.
이러한 이유로 양배추는 종종 다른 작물보다 일찍
씨를 뿌리거나 아예 늦게 뿌려 다른 채소들을 보기
힘든 겨울철에 훌륭한 비타민 공급원이 된다.

+ 양배추는 튼튼하게 잘만 키우면 병충해의 피해가
크지 않다. 하지만 새들, 특히 비둘기가 양배추를
너무나 사랑한다. 눈이 내려 사방이 하얀 곳에
기다란 양배추 심지가 유일하게 눈에 들어오는
녹색일 때 피해는 극에 달한다. 그물 같은 것으로
양배추 밭을 덮어주는 것이 새를 쫓는 가장 효과적인
방법이지만 제로 웨이스트를 꿈꾸는 우리의 신념과는
맞지 않는다. 나는 사용하지 않는 낡은 CD를 밭
사이사이에 매달아 바람에 날리며 빛을 반사할
때마다 새를 놀라게 하는 방법으로 몇 번 재미를
보기도 했다. 하지만 그 효과는 잠시였다.

먹는 방법

+ 배추속 작물은 잎은 물론, 뿌리를 제외한 모든
부위를 먹을 수 있다. 예를 들어 방울양배추의 머리
부분은 영국에서는 예전부터 식재료로 사용해왔고,
콜리플라워 주변의 잎은 아주 좋은 맛을 낸다. 물론
모든 부분이 아주 맛있지는 않다.

+ 양배추나 콜리플라워 같은 작물은 수확한 뒤에도
종종 여린 순을 다시 틔우는데 이들은 찌거나 볶으면
맛과 식감이 무척 좋다.

+ 모든 배추속 작물은 키우는 주요 부위를 수확하고
나면 꽃을 피우고 씨를 맺는다. 노란색 어린 꽃은
수확해 찌거나 생으로 샐러드에 넣어 먹을 수 있다.

**배추속 작물은 뿌리를 제외한
모든 부위를 먹을 수 있다는
어마어마한 장점이 있다.
물론 모든 부분이 다 맛있지는 않다.**

+ **씨앗 꼬투리** 모든 배추속 작물의 꼬투리는 먹을 수
  있다. 하지만 아주 어릴 때 수확하지 않으면 질기고
  그리 맛있지가 않다. 조리해 먹으면 맛과 질감이 조금
  나아지지만 꼬투리를 먹기 위해 따로 재배하는 품종의
  무 몇 가지를 제외하고 먹어보라고 권하고 싶지는
  않다.
+ **씨앗** 양배추는 씨앗을 먹을 수 있지만 싹을 틔운
  뒤에 더 맛이 좋다. 땅속에 남은 씨앗을 그대로 둔
  다음 이듬해에 싹을 틔우면 아주 어릴 때 수확해
  먹어도 좋고, 아니면 녹색 두엄으로 쓸 수도 있다.
  싹이 튼 작물을 그대로 자라게 두어도 되지만
  배추속은 '문란'하기로 유명해서 주변의 다른
  작물들과 이종교배를 하기 때문에(심지어 야생의
  친척과도 수분한다) 수확을 할 때 즈음이면 케일 비슷한
  혼종 작물을 얻을 수도 있다.

보존법

+ 배추속 작물들은 냉동했다가 먹을 수는 있지만 나는
  녹았을 때의 물컹한 식감이 싫어 잘 얼리지 않는다.
  수확량이 많으면 수프를 끓이거나 피클로 만든다.

너무 깔끔 떨지 말자

나는 늘 텃밭을 너저분하게 관리하자고
주장한다. 배추속 작물 역시 수확 후 남은
부분을 자르지 말라고 권한다. 몇몇은 겨울철에
꽃을 피우게 두어도 된다. 남겨진 부분은
야생동물의 먹이가 될 뿐 아니라 기생벌의
서식지가 될 수 있다. 기생벌은 배추속을 좀먹는
배추흰나비를 공격한다. 정원에 기생벌의
개체수가 어느 정도 자리 잡으면 작물이
배추흰나비로부터 시달릴 위험이 훨씬 준다.

방울양배추

Brassica oleacea gemmifera group

씨뿌리기	이른 봄
모종 심기	늦은 봄에서 이른 여름까지
수확	겨울
먹는 방법	샐러드, 볶음 요리

대중적으로 알려지지는 않았지만 나는 방울양배추를 사랑한다. 약간의 베이컨, 마늘과 함께 볶은 방울양배추를 특히 좋아한다. 알의 크기가 고른 방울양배추를 얻기가 쉽지 않지만 방울양배추를 좋아한다면 그 정도는 감내할 만하다.

키우기

이른 가을에 작물의 윗부분을 잘라주면 방울양배추의 줄기가 비슷한 굵기로 자랄 수 있다. 농가에서 상업용으로 줄기에 달린 방울양배추의 상품성을 높이고 좋은 가격을 받기 위해 이 방법을 이용한다.

제로 웨이스트 팁

+ 수확 후 다시 자란 부분도 먹을 수 있다는 점을 잊지 말자. 잎이 덜 찬 배추와 비슷한 모양이다.

수확량

	한 포기당	1m²당
전체	1kg	3kg
1회	250g	750g

배추속

양배추

Brassica oleracea

양배추는 잎이 느슨한 봄철의 연두색 품종, 스프링 그린부터 잎이 꽉 차 단단한 겨울철의 붉은 종자까지 종류가 다양해 사계절 먹을 수 있다. 한 포기가 제법 넉넉한 공간을 차지하고 생장 기간도 짧지 않아 마당이 좁은 경우에는 선뜻 키우기가 쉽지 않다.

씨뿌리기	이른 봄(여름 배추)
	늦은 봄(겨울 배추)
	늦은 여름(스프링 그린)
모종 심기	싹이 7cm 정도 자랐을 때
수확	포기가 만들어지면 수확하고, 포기가
	쪼개지기 전에 수확해야 한다.
먹는 방법	생으로 먹거나 피클로 먹는다,

수확량(포기 상추)

	한 포기당	1m²당
큰 포기	1kg	4.5kg
작은 포기	700g	2.75kg

키우기

+ 대부분의 양배추는 추운 날씨에 잘 견디고 비교적 키우기가 쉽다. 하지만 생육 기간이 길어 땅에서 사는 기간이 긴 만큼 사건 사고가 생길 확률도 높다.

+ 스프링 그린 품종은 늦은 봄과 이른 여름 사이 다른 녹색 채소 수확이 뜸한 시기에 신선한 잎채소를 제공해주는 고마운 존재다. 하지만 겨울내 섬세한 보살핌이 필요하다. 커버를 덮어 키우면 손이 조금 덜 간다. 터널이나 온실이 없다면 클로슈cloche(작물 크기보다 큰 투명 덮개)를 이용한다.

+ 양배추는 추운 기후에서 키우는 작물로 개발되었고, 특정 품종(미드윈터 킹이 대표적)은 긴긴 영하의 추위를 견딘다. 하지만 겨울 기온이 올라가고 습해지면서 민달팽이의 피해가 커지고 있다. 일단 민달팽이가 양배추 포기 안으로 들어가면 피해가 아주 크다. 이런 위험을 줄이기 위해서는 아래쪽에 나는 이파리들을 제거해 토양 부분을 덜 습하게 만드는 것이 좋다.

제로 웨이스트 팁

+ 양배추를 수확할 때는 지표면에서 5cm 정도의 줄기를 남겨두고 자른다. 이렇게 줄기를 남겨두면 새순이 옹기종기 올라오는데, 이 순은 맛이 좋은 보너스 수확물이다.

수확량이 많다면

+ 모든 양배추가 훌륭한 피클 재료지만 병에 담긴 붉은 양배추의 모습은 특히 사랑스럽다.

+ 버블 앤드 스퀴크bubble and squeak(양배추와 감자로 만드는 영국의 가정식)를 한가득 만들어보면 어떨까? 원래 남은 음식으로 만들던 요리인 만큼 양배추를 조리해두었다 사용하면 한층 맛이 좋다. 오리, 돼지, 닭 등의 기름이나 오일에 채 썬 양배추를 볶고 여기에 바싹 구운 베이컨 조각을 넣은 다음 매시트포테이토와 섞어 그냥 먹거나 구워 먹는다. 나는 버블 앤드 스퀴크라면 얼마든지 먹을 수 있다.

브로콜리

Brassica oleracea cymoa 브로콜리니
Brassica oleracea Italica 브로콜리

브로콜리는 커다란 송이 하나로 자라고, 브로콜리니는 작은 송이가
달린 여러 개의 줄기를 키운다. 최근에는 브로콜리와 콜리플라워를
교배한 로마네스코도 등장했다. 여기에서는 송이 부분을 먹기 위해
키우는 모든 종류의 브로콜리를 함께 다루기로 한다.

씨뿌리기	이른 봄(브로콜리)
	늦은 봄(브로콜리니)
모종 심기	늦은 봄(브로콜리)
	이른 여름(브로콜리니)
수확	여름에서 가을까지(브로콜리)
	겨울에서 봄까지(브로콜리니)
먹는 방법	신선할 때 샐러드 등으로 먹는다.

수확량

	한 포기당	1m²당
전체	500g	1.75kg
1회	150g	600g

키우기

+ 브로콜리 종류는 다양한 기온에서 키울 수 있도록 품종이 개량되었다. 품종을 잘 고르면 1년 내내 종류를 바꿔가며 먹을 수 있다. 브로콜리니는 대개 추운 겨울이 지나고 나서 꽃을 피우는 시기로 접어든다. 추운 날씨와 서리를 견디지 않는다면 브로콜리니는 발육이 부실하고 좋은 맛을 기대하기 어렵다. 그렇다고 절망하지 말자. 뿌리가 일정 기간 추운 기간을 거쳐야만 꽃을 피우는 '춘화 현상'을 거치지 않아도 되는 품종도 시중에 나와 있다.

+ 독특한 모양의 로마네스코 품종부터 흰색 브로콜리니까지 다양한 모양과 색상의 브로콜리가 존재한다. 키우기가 까다로운 종자도 있으므로 일단 키우기 쉽다고 알려진 보라색 브로콜리Early purple sprouting부터 시작해 하나씩 키우다 보면 차츰 입맛과 토양에 알맞은 종류를 찾을 수 있을 것이다.

+ 브로콜리니는 거의 1년 내내 땅에 남아 있어도 된다. 여타의 키 큰 배추속 식물들과 마찬가지로 심을 때 단단하게 자리를 잡아야 바람에 가지가 흔들리면서 뿌리가 상하는 일을 막을 수 있다. 배추속은 줄기에서부터 뿌리를 내리므로 깊이 심어도 된다. 물론 생장점이 흙에 묻혀서는 안 된다 뿌리를 뻗을 공간이 넉넉하면 작물이 안정적으로 자란다.

+ 브로콜리는 생장 기간이 길고 공간 여유를 두고 심기 때문에 빨리 자라는 작물과 사이 심기(24쪽 참조)를 하거나 녹색 두엄 식물을 밑 심기에 적당하다.

+ 모든 브로콜리와 브로콜리니는 중앙에 커다란 송이를 이루고, 여기에 줄줄이 작은 순이 열린다. 브로콜리는 가운데 기둥이 주 수확물이고, 그 곁으로 달리는 몇 개의 송이가 부수확물이다. 브로콜리니는 이와 반대다. 중앙에 자리한 송이가 비교적 작고 곁에 달리는 송이들이 주된 작물이며 많이 잘라낼수록

계속 순과 송이를 키워낸다. 나중에 나오는 송이들이 점점 작아지기는 한다. 곱슬머리 같은 송이가 탄탄할 때 수확하는 것이 가장 좋지만 이 시기를 놓쳐 꽃이 핀 다음에도 브로콜리 송이는 얼마든지 먹을 수 있다.

+ 작물 사이의 간격도 수확에 영향을 끼친다. 개체 사이의 간격이 넓을수록 옆으로 뻗는 순과 송이들이 더 잘 자란다. 곁가지에 열리는 송이가 주요 수확물인 브로콜리니는 다른 식물과 사이 심기를 하며 널찍하게 띄어주면 공간을 효율적으로 쓸 수 있다.

제로 웨이스트 팁

+ 우리 아이들은 잘 먹지 않지만 나는 브로콜리 줄기를 송이보다 더 좋아한다. 브로콜리를 최대한으로 먹으려면 줄기를 길게 수확한다. 송이에서 멀어질수록 줄기가 질기므로 아랫부분은 껍질을 벗겨 쓴다.

+ 브로콜리를 가장 오래 보관하는 방법은 컵에 물을 담아서 꽃꽂이처럼 꽂아 냉장고에 넣어두는 것이다.

수확량이 많다면

+ 브로콜리니는 아무리 많아도 지나치지 않기 때문에 남은 적이 없었다. 브로콜리니는 다른 녹색 채소가 드문 시점에 수확하기 때문에 약간의 버터와 소금, 후추만 곁들여도 얼마든지 듬뿍 먹을 수 있다.

+ 브로콜리니에 비해 맛이 좀 약한 브로콜리는 수확 시기가 다른 채소들이 쏟아져 나오는 시기와 겹치다 보니 남기 쉽다. 구워서 그대로 먹거나 식힌 후 샐러드에 넣어 부지런히 먹자.

콜리플라워

Brassica oleracea

12년 동안 전문적으로 농사를 지어왔지만 콜리플라워
농사가 전체적으로 잘된 적은 한 번도 없었다. 물론
부분적으로 괜찮은 수확을 거둔 적은 있다. 땅이 넓고
도전을 좋아한다면 한 번 시도해볼 만하다. 그렇지
않다면 콜리플라워는 포기하고 다른 작물에 집중하자.

씨뿌리기   수확 예정일부터 6~9개월
모종 심기   본잎이 3~4개 정도 나는 시점
수확   송이가 하얗고 탄탄해지면
       수확할 수 있다.
먹는 방법   생으로 먹거나 피클로 만든다.

수확량

	한 포기당	1m²당
큰 송이	850g	2.5kg
작은 송이	300g	2.75kg

키우기

+ 콜리플라워는 때를 잘 맞춰 키우는 것이 중요하다. 대부분의 기후에서 1년 내내 재배가 가능한 품종들이 개발되어 있다. 날씨가 갈수록 예측하기 어려워 날짜를 정하는 것이 쉽지는 않지만 수확 예정일을 정하고 그에 맞춰 씨 뿌리는 날짜도 정한다. 만약 계절에 걸맞지 않게 너무 덥거나 너무 추운 날씨가 길게 이어진다면, 차례로 익어야 할 콜리플라워들이 한 번에 수확할 때를 맞거나 다 같이 덜 자라는 수도 있다.

+ 동시에 모두 자라는 확률이 적은 자연수분(곤충이나 바람 등에 의해 수분되는 방법) 품종을 키울 것을 권한다. 박스째로 납품할 수 있는 상업 농가와 달리 가정 내 텃밭에서는 며칠에 한 송이 정도 수확하는 편이 낫지 않은가. 자연수분이 가능한 품종 중에서 여러 종류를 섞어 심으면 드문드문 수확할 확률이 더 높아진다.

+ 몇 년 전 콜리플라워 씨앗을 재배하는 한 지인이 추운 날씨에도 잘 견디고, 병충해에도 강하며, 맛도 좋은 연두색 콜리플라워 품종을 개량했다. 하지만 그 씨앗은 전혀 팔리지가 않았다. 사람들이 오로지 하얀색 콜리플라워만을 원했기 때문이다. 그 후 시중에 출시된 녹색 콜리플라워 품종이 몇 가지

있었는데, 한 회사는 보수적인 소비자들의 인식을 극복하기 위해 '브로코플라워'라는 신종 브랜드를 도입하기도 했다.

제로 웨이스트 팁

+ 콜리플라워의 이파리는 버리지 말자. 단면이 갈색으로 변한 부분은 잘라내야 할 수도 있지만, 콜리플라워 이파리는 아주 맛이 좋다. 이파리에 굵은 줄기가 있어 양배추 줄기보다 익히는 데 시간이 더 걸리는데, 나는 줄기와 이파리 부분을 분리해 시간 차를 두고 조리한다.

수확량이 많다면

+ 콜리플라워는 한 번에 수확할 확률이 높은 작물로, 언젠가는 지나치게 많은 양이 쏟아지는 순간이 오기 마련이다. 그런 시점이 오면 콜리플라워 치즈를 열심히 먹는 수밖에 없다.

+ 콜리플라워 피클은 놀라울 정도로 아삭한 식감이 오래간다. 유리병에 담긴 모습도 예쁘고, 고추나 피망 종류와 함께 담그면 더욱 예쁘다.

수확하기 팁

우리가 먹는 콜리플라워의 머리 부분은 꽃을 피우기 한참 전 덜 자란 꽃봉오리들의 뭉치다. 콜리플라워는 크게 잘 자랐거나 기대에 못 미치거나, 수확 결과가 크게 차이가 난다.

콜라비

Brassica oleracea

널리 알려지지는 않았지만 내가 사랑하는 채소 중
하나다. 사과처럼 즙이 많고 아삭한 질감에 맛은
브로콜리 줄기와 비슷하다. 키우기 어렵지 않고 신선한
채소가 궁해지는 시기에 수확할 수 있어 유용하다.

씨뿌리기 여름에 수확하려면 이른 봄에, 가을에
수확하려면 한여름이나 늦여름에 씨를
뿌린다.
모종 심기 여름에 수확하려면 늦은 봄에, 가을에
수확하려면 늦은 여름에 모종을 심는다.
수확 구근이 작은 주먹만 하면 수확할 수 있다.
먹는 방법 생으로 먹거나 피클로 먹는다.

수확량

	한 포기당	1m²당
전체	150g	3kg

키우기

+ 좋은 콜라비 '구근'(사실은 줄기 부분이 부푼 것)을
  얻으려면 규칙적으로 골고루 물을 주어야 한다.
  이것이 핵심이다. 물이 공급되지 않는 시기가 있다면
  줄기가 질겨진다. 잘 돌볼수록 이파리가 많지 않고
  실한 구근을 키울 수가 있다.

제로 웨이스트 팁

+ 콜라비는 이파리도 아주 맛있는데, 수확 즉시 시들기
  시작하기 때문에 바로 먹어야 한다.
+ 어린 콜라비는 껍질째 먹을 수 있다. 하지만 좀 더
  크게 자란 개체는 구근의 식감은 부드러워도 껍질은
  질기기 때문에 벗겨내는 편이 좋다.

수확량이 많다면

+ 곱게 채 썰어 샐러드나 콜슬로로 넣으면 맛있다. 얇게
  썰어 볶아 먹어도 좋다.

널리 알려지지는 않았지만
내가 가장 사랑하는 채소 중의 하나다.
사과처럼 즙이 많고 아삭한 질감에,
맛은 브로콜리 줄기와 비슷하다.

케일

Brassica oleracea

북해 한가운데 셔틀랜드섬의 모진 기후도 버텨내는
케일은 오랜 세월 추운 북구에서 주요한 비타민 공급원
역할을 해왔지만, 겨울철 채소 수입이 가능해진
오늘날에는 인기가 떨어졌다. 하지만 새로운 품종이
계속 선을 보이면서 케일은 주목받고 얻고 있다.

씨뿌리기	이른 봄
모종 심기	봄
수확	여름에서 겨울까지
먹는 방법	신선할 때 생으로 먹는다.

수확량

	한 포기당	1m²당
전체	900g	3.6kg
1회	225g	900g

키우기

+ 만약 배추속 작물 중에 단 한 가지만 골라야 한다면 나는 케일을 고를 것이다. 땅이 아무리 황폐해도 사막이 아닌 한 거의 해마다 수확을 안겨주는 몇 안 되는 작물이다. 병충해에 크게 시달리지도 않고, 이파리만 따면 되기 때문에 구근이나 송이가 자라는 데 어느 정도의 추운 날씨와 강수량이 꼭 필요한 배추속 사촌들과는 많이 다르다.

+ 강인한 셔틀랜드 케일부터 부드럽고 섬세한 이탤리언 블랙 케일에 이르기까지 다양한 품종이 있다.

+ 케일은 베어 루트bare root(흙이 없는 뿌리 묘목)로 옮겨 심을 때 유독 잘 자라지만, 화분이나 모종판에서 키우기도 쉽다.

+ 수확할 때면 나는 포기마다 중간 크기의 이파리를 한두 개씩 따고, 작물이 점점 커가면 조금씩 큰 것을 딴다. 케일의 머리 부분을 잘라내도 되는데, 이렇게 하면 옆면으로 작은 잎들이 나게 된다.

제로 웨이스트 팁

+ 케일은 거의 모든 성장 단계에서 수확이 가능하다. 아주 어린잎부터 따서 샐러드 재료로 사용할 수 있다. 15~20cm 높이로 키워 전체를 자르거나 완전히 성숙할 때까지 밭에 두어도 된다.

+ 케일은 잎을 얻기 위해 키우는 작물이라 줄기는 대개 퇴비 더미로 간다. 하지만 크고 질겨 보이기만 하는 케일 줄기 역시 제대로 조리하면 맛있다. 쉽게 따라할 만한 두 가지 방법을 소개한다. 두 레시피 모두 줄기를 먼저 데쳐 조리하면 훨씬 부드러워진다.

+ 첫 번째는 케일 줄기를 얇게 슬라이스한 후 약간의 오일이나 버터와 함께 약한 불에 부드러워질 때까지 볶는 것. 맛을 더하기 위해 마늘이나 허브를 더해도 좋다. 두 번째 방법은 줄기를 2.5cm 정도 길이로 잘라 밀가루를 가볍게 뿌리고 기름에 튀기는 것이다.

수확량이 많다면

+ 케일이 많이 남을 때에는 칩을 만든다. 케일 이파리를 조금 작은 듯하게 손으로 뜯어 씻어서 물기를 뺀 다음 오일을 바른다. 낮은 온도의 오븐(150℃ 정도)에서 20분간 굽는다. 맛을 위해 소금과 후추 등을 뿌린다.

+ 케일을 활용하는 또 다른 좋은 방법은 키슈나 오믈렛 같은 음식에 시금치 대용으로 쓰는 것이다. 페스토 재료로 이용할 수도 있다.

비트

Beta vulgaris

비트는 키우기 쉽다. 흔히 겨울 작물로 생각하는데
사실은 여름부터 가을, 겨울까지 수확한다. 여름철에
비트를 썰어 샐러드에 넣으면 색도 예쁘고 고기가 들어간
듯한 느낌도 낸다. 채 썰어 콜슬로에 넣거나 오븐에 살짝
구워 치즈, 호두와 함께 차려내면 근사하다.

씨뿌리기	봄이나 늦은 여름에 땅에 바로 뿌려도 되고 모종판에 뿌려도 된다.
모종 심기	늦은 봄이나 늦은 여름
수확	여름에서 겨울까지
먹는 방법	여름과 가을에는 수확해 생으로 먹고, 겨울에는 저장해둔 것을 먹는다. 피클 또는 냉동으로 1년 내내 먹을 수 있다.

수확량

	한 포기당	1m²당
전체	150g	4.5kg

키우기

+ 대부분의 뿌리채소가 그렇듯 비트 역시 뿌리가 방해받는 걸 싫어한다. 자라는 속도가 빠른 편이라 땅에 바로 씨를 뿌린다.

+ 옮겨 심을 때 조심하기만 한다면 모종판에서 싹을 틔워 옮겨도 잘 자란다.

+ 비트 씨앗은 안에 2~5개의 씨가 들어 있다. 모두 싹 트지 않더라도 씨 뿌리는 간격을 정할 때 이 점을 기억하자.

+ 비트씨를 뿌릴 때 응용하기 좋은 방법이 있다. 다중 모종판에 씨를 뿌리는 것이다. 모종판 한 2~3개의 씨앗을 심으면 4~8개의 비트가 싹을 틔운다. 이를 옮겨 심으면서 개체 간의 간격을 넉넉히 잡아준다(15cm보다는 30cm 정도가 낫다). 한자리에 최대 4개체 정도를 완전히 자라게 두었다가 솎아내는 방법도 있다. 물론 솎아낸 것들은 먹는다.

+ 나는 땅에 바로 씨앗을 뿌릴 때면 촘촘하게 씨를 뿌려 어린 작물을 솎아내며 최종 간격을 잡는다. 이렇게 하면 공간을 최대한 활용할 수 있고, 날씨만 충분히 따뜻하면 신선한 채소가 부족한 시기에 일찍 수확한 베이비 비트를 유용하게 먹을 수 있다. 씨앗은 5cm 정도 간격으로 심으면 좋다. 솎아내지 않을 경우 비트끼리 경쟁하다 웃자라버릴 수 있다.

+ 피해가 전혀 없지는 않지만, 살짝 쌉쌀한 맛 덕분에 비트잎은 민달팽이가 그다지 좋아하지 않는다. 모종판에서 비트 싹을 틔워 옮겨 심을 즈음 이파리가 제법 자라 있으면 민달팽이한테 갉아 먹힐 위험이 준다.

제로 웨이스트 팁

+ 비트는 근대와 가까운 친척뻘이라 비트잎은 근대 대용으로 쓸 수 있다. 뿌리는 한참 뒤에 수확하더라도 이파리는 일찍부터 따서 먹을 수 있다.

+ 모든 비트 뿌리를 수확하지 못했다면 몇몇 개체는 그대로 두어 씨를 보존하게 하자. 씨를 촘촘하게 뿌려 애호박이나 껍질콩처럼 늦게 심은 작물이 여물기 전에 어린 비트잎을 수확해 먹으면 좋다. 비트의 어린잎을 샐러드에 넣으면 사랑스러운 맛이 난다. 물론 질겨지기 전 아주 어린 것으로 따야 한다. 비트 꽃가루는 몇 킬로미터 떨어진 곳까지 날아가기 때문에, 씨앗을 남겨두어 이듬해 다시 자라더라도 같은 품종이 난다는 보장이 없다. 하지만 이파리와 함께 수확하면 꽃가루가 날리기 전이니 염려 없다.

너무 많은 양을 수확했다면

+ 가장 기본적인 방법은 피클을 담그는 것이다. 비트는 저장고에 보존할 수도 있고, 심지어 땅속에 넣고 지푸라기로 덮어 보관해도 된다. 하지만 이 방법은 영하의 기온이 오랫동안 이어지는 혹한기에는 적합하지 않다.

+ 비트는 얼려도 좋다. 살짝 데치거나 구워서 얼린다.

셀러리악

Apium graveolens var. rapaceum

나는 사람들이 왜 셀러리악을 많이 키우지도 먹지도
않는지 의아하다. 셀러리악은 셀러리와 마찬가지로
텃밭의 프리마돈나 같은 존재라 잘 키우려면 어리광을
받아주듯 보살펴야 한다. 그러나 수확할 때를
생각하면 고된 노력이 헛되지 않다.

씨뿌리기	이른 봄 모종판에 뿌린다.
모종 심기	늦은 여름에 작물 사이 간격은 30cm, 줄 간격은 45cm로 심는다.
수확	가을에서 겨울까지
먹는 방법	가을에서 겨울 사이 신선한 것은 생으로 먹고, 피클이나 냉동하면 1년 내내 먹을 수 있다.

수확량

	한 포기당	1m²당
전체	150g	4.5kg

키우기

+ 셀러리악이 가장 싫어하는 것은 건조한 환경이다. 특히 초반에는 수분을 지속적으로 공급해야 한다. 잠깐이라도 수분 공급이 원활하지 않으면 스트레스로 웃자라 버리기도 한다.

+ 씨앗이 아주 작으며 싹을 틔우려면 충분한 빛이 필요하다. 그래서 씨를 뿌린 위에 많은 퇴비를 얹지 않는다. 씨앗 위로 퇴비를 가볍게 살살 흩뿌리거나 퇴비 위에 씨앗을 흩뿌린 뒤 살짝만 덮는다.

+ 모종판이나 씨앗 트레이에 씨를 뿌린 다음 가장 튼실한 새싹만 골라내자. 씨앗 트레이에서 싹을 틔운다면 여린 뿌리나 줄기가 다치지 않도록 극도로 조심해야 한다. 셀러리악은 옮겨 심을 때도 여전히 작고 여리다. 그래서 나는 옮겨심기 작업의 스트레스를 막기 위해 모종판에 씨를 뿌리는 것을 선호한다.

+ 씨앗이 워낙 작아 싹이 틀 때 골고루 나지 않고, 자라는 것이 더딜 수도 있다. 씨를 뿌린 뒤로 별다른 변화가 눈에 띄지 않더라도 낙심하지 말자. 수분을 충분히 공급하되 퇴비가 너무 축축해져 싹이 잠기지 않도록 주의해야 한다. 어떤 퇴비는 겉은 말라 보여도 안쪽은 수분을 가득 품은 경우가 있다.

+ 모종판에서 밭으로 옮겨 심은 뒤에도 셀러리악은 여전히 건조한 것을 싫어한다. 잘 자라 튼실한 구근을 얻으려면 꾸준한 수분 공급이 필수다. 멀칭이 도움이 될 수 있으며, 특히 모래 함량이 높은 토양이라면 멀칭이 필수다. 셀러리악의 뿌리는 얕게 자라기 때문에 더위에 취약하다.

+ 개체의 크기는 조금 작더라도 단위 면적당 수확량을 늘리고 싶다면 작물의 간격을 조금 좁힌다. 하지만 개체들끼리 너무 경쟁하면 웃자랄 위험이 있다.

제로 웨이스트 팁

+ 셀러리악의 이파리는 생으로 먹기에는 조금 억센 감이 있다. 하지만 천천히 오래 조리하면 셀러리와 비슷한 깊은 맛을 낸다. 구근을 수확할 시기가 가까워 올 즈음이면 이파리들이 늙고 너저분해지는데, 이런 잎은 스톡이나 수프에 넣으면 맛이 좋다.

+ 셀러리악의 껍질은 대개 버린다. 하지만 깨끗이 씻기 어려운 뿌리 쪽이나 아주 단단한 머리 부분을 제외하고는, 껍질도 먹을 수 있다. 셀러리악 껍질은 곱게 채 썰어 소스나 쌀 요리에 곁들인다.

수확량이 많다면

+ 간혹 소화가 잘 안 된다는 사람도 있지만 셀러리악은 날것으로 먹을 수 있다. 내가 좋아하는 조리법은 올리브 오일과 와인, 마늘과 함께 오랫동안 삶듯이 천천히 익히는 것이다. 하지만 단시간에 많은 양을 먹어야 한다면 수프가 정답이다. 셀러리악 크림수프에 나는 유지방 함량이 많은 크림을 사용하지만, 코코넛 밀크로 대체해도 된다.

+ 셀러리악을 쌀알 크기로 다져 리소토를 만들어보자. 쌀 분량의 반을 다진 셀러리악으로 대체해 조리하면 된다.

당근

Daucus carota

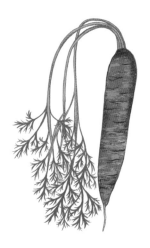

당근은 인기 있는 채소다. 다행히 우리
아이들도 매우 좋아한다. 민달팽이가
당근씨를 좋아해서 좀 난처하고,
당근벌레carrot fly도 무섭지만 일단 심기만 하면
빨리 자라고 병충해가 적은 편이다.

씨뿌리기	봄에서 늦은 여름까지. 땅에 파종
모종 심기	필요 없다.
수확	여름에서 겨울까지
먹는 법	여름에서 겨울 사이에는 신선한 것을 먹고, 겨울에서 봄 사이에는 저장해둔 것 피클이나 냉동한 것을 먹는다.

수확량

	한 포기당	1m²당
전체	50g	6kg

키우기

+ 인기 많은 작물이다 보니 시중에 수백 가지 품종이
나와 있다. 현재는 대부분의 당근이 오렌지색이지만
원래는 노란색과 보라색이었다. 한동안 보기 어렵던
이런 노란색, 보라색의 초창기 당근이 흰색 품종과
함께 다시 인기를 얻고 있다. 당근은 품종에 따라
모양도 다양하고, 키우는 계절도 제각각이다. 따라서
수확량을 예측하기가 쉽지 않지만, 1㎡당 중간 크기
당근 100개 정도를 기대한다. 작은 당근은 좀 더
촘촘하게 심어 1m²당 175개까지도 수확할 수 있다.

+ 당근은 옮겨 심으면 잘 살아남지 못하므로 키울 땅에
직접 씨를 뿌린다. 만약 토양이 심각한 점토질이면
좋은 농지로 가꾸기가 까다로운데 방법은 있다. 우선
씨앗을 뿌릴 이랑을 판 뒤 씨앗을 그 안에 뿌린 다음
같은 땅의 흙으로 덮는 대신 질 좋은 퇴비를 얇게
뿌려보자. 이렇게 하면 싹이 잘 튼다. 일단 당근 싹이
어느 정도 자란 뒤에는 점토질에서도 무리 없이 키울
수 있다. 아주 심한 점토질 토양이라면 뿌리가 짧은
당근 품종을 고른다. 조금 못난 당근이 나오지만
맛은 좋다.

+ 당근벌레는 당근을 키울 때 큰 골칫거리다. 당근의
뿌리 안쪽까지 파고드는 데에다 검은색으로
변색시키고 당근 맛을 쓰게 한다. 당근벌레를 막는
가장 효과적인 방법은 당근 위로 그물을 씌워 벌레가
들어와 알을 낳는 것을 막는 것이다. 하지만 플라스틱
을 사용하지 않고도 당근벌레의 위협을 줄여볼 방법이
몇 가지 있다. 첫 번째는 오로지 이른 철에만 당근을
키우는 것이다. 이렇게 하면 애벌레가 자라기 전에
당근 수확을 마칠 수 있다. 혹은 양파같이 향이 강한
작물을 당근 근처에 심는다. 벌레들은 대개 냄새로
좋아하는 작물을 찾아내기 때문에 이런 방법은
당근벌레 성충을 혼란스럽게 한다. 마지막은 당근
싹을 솎아낼 때 이파리를 살살 다루어 절대 다치지

않게 하는 것이다. 당근 이파리가 다치면 당근 냄새를
많이 퍼뜨리기 때문이다. 또한 솎아낸 당근도 밭에
두지 말고 얼른 들여와야 한다.

제로 웨이스트 팁

+ 어떤 질문을 하고 싶은지 알고 있다. 그렇다. 당근
이파리 부분은 먹을 수 있다. 만약 당근이 어리고
아주 신선하다면 이파리도 생으로 먹을 수 있다.
하지만 조금 자란 뒤라면 조리해 먹는 게 낫다.
파슬리 대용으로 곱게 다져서 음식에 뿌려도 되고,
셀러리와 함께, 혹은 셀러리 대용으로 스톡이나
스튜에 넣어도 된다.

+ 만약 커다란 못난이 당근이 있다면 겨울철 창가에
귀여운 선물이 된다. 당근 머리를 2.5cm 정도
자른 다음 퇴비가 담긴 화분이나 물이 담긴 접시에
넣어보자. 여기에서 올라오는 싹은 신선한 녹색
채소가 드문 겨울 식단에 활기를 전할 것이다.

수확량이 많다면

+ 말리기, 피클, 얼리기, 저장고에 넣기 등 당근을
보관할 방법은 너무나도 많아 당근을 버릴 일은 없다.

+ 주스의 부재료나 수프 재료로도 훌륭하다.

감자

Solanum tuberosum

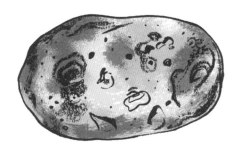

감자는 키우기는 쉽지만 많은 공간을 차지하고, 비교적 가격도 싸다.
만약 엄청나게 넓은 땅이 있는 상황이 아니라면 일찍 수확하는 품종이나
상점에서 쉽게 살 수 없는 종류 몇 가지만 키워볼 것을 권한다.

씨뿌리기	이른 봄(이른 수확 품종) 봄 중순(그 외의 품종들) 작물 사이 간격은 40cm, 줄 간격은 75cm로 띄어 뿌린다.
모종 심기	필요 없다.
수확	여름 중순에서 늦은 여름까지
먹는 방법	늦은 여름에는 수확해서 바로 먹고 가을에서 겨울 사이에는 저장한 것을 먹는다.

감자 품종	생장 기간
퍼스트 얼리First early	10주
세컨드 얼리Second early	13주
얼리 메인크롭Early maincrop	15주
메인크롭Maincrop	20주

수확량

	한 포기당	1m²당
전체	325g	2kg

키우기

+ 감자 농사는 기계화 농업에 적합하다. 다시 말해 상업
농가에서 감자를 아주 잘 키우고 그 덕에 싼 가격에
구입할 수 있다는 뜻이다. 감자는 또한 저장이나
이동을 해도 잘 견딘다. 따라서 아무리 감자가 키우기
쉽다 해도, 모든 것을 자급자족할 계획이 아니라면
감자에는 너무 큰 비중을 두지 말자. 게다가 감자는
키우는 데 아주 넓은 땅이 필요하다.

+ 그럼에도 감자를 키우는 이유가 있다. 수확의 기쁨이
너무나 크다는 것. 나도 그것을 포기할 수 없어
감자를 아주 조금 심는다.

+ 건조한 환경만 아니라면 감자마름병이 가장 큰
걱정거리다. 감자를 키운다면 감자마름병에 강한
품종을 키우고, 마름병에 걸린 기미만 보여도 얼른
넝쿨을 제거한다(이 닝굴은 퇴비 더미에 넣을 수 있다).
덩이줄기(감자 줄기가 부풀어 오른 부분, 이것이 우리가
먹는 감자다)가 감염되면 위험하다. 열을 이용하는
퇴비 생산 시설이 있다면 감염된 덩이줄기를 넣어도
되지만, 마름병에 걸린 덩이줄기는 절대 땅 위에
남겨두면 안 된다. 다른 밭 감자에 병을 옮기거나
다음 해의 감자 농사까지 망친다.

+ 햇감자는 캐서 바로 조리해 먹을 수 있다. 하지만
감자를 저장하고 싶다면 껍질을 조금 따주도록 한다.
감자의 껍질 일부분을 벗겨낸 뒤 땅에 다시 묻는다.
벗겨진 부분에 껍질이 생겨나면서 감자 껍질 전체가
좀 더 두꺼워지고 그 덕에 저장성이 좋아진다.

+ 감자 수확량을 늘리고 싶다면 감자밭에 물을
충분히 공급한다. 특히 덩이줄기를 묻는 시기의
수분 공급량에 따라 결과 차이가 크다. 감자의
덩이줄기를 심을 때는 땅에 충분한 수분이 있어야
계속 잘 자란다. 덩이줄기가 감자로 여물어가는 시기
역시 아주 중요하다. 이 시기에는 뿌리 근처까지

살살 땅을 파서 훅 포인트hook point(줄기 끝이 살짝
구부러지며 부피를 늘려가는 지점)를 찾아야 한다. 일단
훅 포인트가 형성되기 시작하면 덩이줄기가 몸집을
불려나가므로 물을 더 주어야 한다. 물이 충분하지
않으면 감자가 제대로 자라지 않고 붉은곰팡이병
같은 것에 걸리기 쉬워진다. 병충해를 방지하기 위해
가능한 한 이파리에는 물을 주지 않는다. 단, 초반
생장 기간에는 물을 조금 적게 줘도 된다. 이 기간에
물을 너무 많이 주면 오히려 병이 생기기 쉽다.

+ 감자를 토양 표면에 놓아둔 채 두꺼운 지푸라기 층,
퇴비 더미, 혹은 퇴비가 되어가는 나뭇조각 등으로
덮어주면 땅을 파지 않고도 성공적으로 키울 수 있다.
햇빛이 감자에 닿지 않고, 감자가 마르지만 않게
해주면 맛있는 감자를 얻을 수 있다.

제로 웨이스트 팁

+ 감자 껍질에서 감자를 키워낼 수도 있다. 저장한
감자를 다 먹어갈 무렵이면 대부분 품종의 감자에서
싹이 나기 시작한다. 싹 하나씩 껍질을 조금 두껍게
도려내 화분에 심으면 감자가 자라는데 마지막 서리가
지나간 뒤 땅에 옮겨 심으면 된다.

수확량이 많다면

+ 감자는 겨울 동안 휴면기에 들어간다. 따라서 감자를
가장 잘 보관할 수 있는 방법은 휴면기를 최대한
늘리도록 환경을 만들어주는 것이다. 이상적인 방법은
감자를 차고(5~10℃), 어둡고, 축축한(습도 95%) 곳에
보관하는 것이다.

+ 감자 저장고를 만드는 방법도 있다(41쪽 참조). 짧은
기간 저장할 때는 종이 봉지에 담아 춥고 축축한 곳에
둔다.

래디시

Raphanus sativus

래디시는 가장 키우기 쉽다. 하지만 최상의 수확을
얻으려면 적절히 살펴야 한다. 래디시는 빨리 자라기
때문에 씨를 뿌리고 4~6주면 수확할 수 있다. 샐러드와
피클 등에 활력을 주며 다른 채소와 잘 어울린다.

씨뿌리기	봄부터 이른 가을, 땅에 직접 씨를 뿌린다. 1m 길이 이랑에 씨앗 20개 정도를 다섯 줄 심으면 적당하다.
모종 심기	필요 없다.
수확	씨를 뿌리고 4~6주 뒤, 지름이 2.5cm 정도 되었을 때
먹는 방법	봄에서 가을까지는 신선한 것을 먹고, 겨울에서 봄 사이는 피클로 만들어 먹는다.

수확량

	한 포기당	1m²당
전체	5g	500g

키우기

+ 래디시 키우기는 진짜 재미있다. 씨를 뿌리면 금세 싹이 올라오니 초보 농군에게 이보다 뿌듯한 일이 있을까. 대개 씨를 뿌리고 일주일 내로 싹이 올라오는 것을 눈으로 확인할 수 있다. 쉽다고는 하지만 확실히 잘 키우기 위해 몇 가지만 더 알아두자.

+ 래디시는 붐비는 것을 싫어한다. 서로 너무 가까이 심으면 부피가 커지지 않는다. 촘촘하게 씨를 뿌린 경우 싹이 올라오는 대로 5cm 정도 간격이 되도록 솎아주자.

+ 가장 큰 고난은 더위와 물 부족이다. 만약 물이 부족하고 날이 너무 덥다면 질겨지고 웃자라기 쉽다. 나는 유달리 시원한 여름이 아니고는 래디시를 봄과 가을에만 심는다. 비가 오지 않을 때는 규칙적으로 물을 줘야 한다. 전체적으로 넉넉히 적시는 정도로 일주일에 두 번 정도 주는 게 적당하다. 래디시를 화분에 기른다면 더울 때는 매일 물을 준다.

+ 래디시가 다 자라면, 얼른 뽑아야 한다. 남겨두면 질겨진다. 그래서 몇 주 간격으로 조금씩 씨를 뿌려서 시차를 두고 수확하는 것이 좋다.

+ 어떤 품종은 유독 봄에 잘 자란다는 것도 기억해두자. 대체로 작고 동그라며 빨간 품종은 봄에 키우면 실패하지 않는다. 검정무와 흰무(다이콘 혹은 조선무)는 가을과 겨울에 키우는 것이 적당하다.

제로 웨이스트 팁

+ 잎을 먹을 수는 있지만 아주 어릴 때를 빼고는 식감이 질기므로 샐러드에 넣어도 그리 맛있지 않다. 차라리 페스토로 만드는 편이 낫다.

+ 가끔은 자라나는 속도를 사람이 먹는 속도가 감당하지 못할 때가 있다. 만약 다 수확하지 못했다면 밭에 그대로 두어 씨를 맺게 한 다음, 씨앗 꼬투리가 아직 연두색일 때 수확한다. 래디시 씨앗은 오묘하게 알싸하고 씹는 맛이 있다. 래디시가 들어간 피클에 넣으면 조화롭다.

수확량이 많다면

+ 래디시는 무척 빨리 자라기 때문에 잉여 생산량이 쉽게 예측된다. 가장 좋은 저장 방법은 피클이다. 얇게 썬 래디시에 뜨거운 피클 용액을 부으면 금방 먹을 수 있는 피클이 되고, 취향에 따라 파를 썰어 넣어도 된다. 이렇게 담가놓으면 다음 래디시를 수확할 때까지 몇 주간 보관할 수 있다.

스웨덴 순무

Brassica napus

씨뿌리기   늦은 봄 땅에 바로 뿌리며, 작물 사이 간격은 40cm, 줄 간격은 20cm로 띄어 뿌린다.

모종 심기   필요 없다.

수확   늦은 가을에서 겨울까지

먹는 방법   가을에서 겨울 사이에는 갓수확한것을먹고, 저장해둔것은 겨울에서 봄 사이에 먹는다.

스웨덴 순무(루타바가, 스웨덴 터닙, 터닙이라고도 부른다)가 최근 다시 주목받고 있다. 다시 돌아온 케일의 인기에 비하면 아직 제자리걸음이지만 키우기가 쉽고 활용도가 높으니 키워볼 것을 권한다. 스웨덴 순무와 당근으로 만든 샐러드는 아주 맛있다.

키우기

✦ 스웨덴 순무는 키우는 데 시간이 오래 걸리고, 건조한 것을 싫어한다. 키우기 까다롭지는 않지만 수분 공급에 신경 써야 한다.

✦ 씨앗은 한 번만 뿌린다. 늦가을과 겨울에 생장을 마치면 땅속이나 저장고에 오래 저장할 수 있다.

✦ 스웨덴 순무의 씨앗은 가격이 싸다. 씨를 뿌릴 때는 2.5~5cm 간격 정도로 촘촘히 뿌리고, 살짝 솎아내 작물 간의 최종 간격이 20cm 정도 되게 한다.

✦ 비가 오지 않는 동안 신경 써서 물을 주고 멀칭을 해주면 수확물이 실하다.

수확량

	한 포기당	1m²당
전체	300g	4.5kg

파스닙

Pastinaca sativa

씨뿌리기	봄 중순에 땅에 직접 뿌린다.
모종 심기	필요 없다.
수확	가을에서 겨울까지
먹는 방법	가을에서 겨울 사이에는 신선한 것을 먹고, 말리거나 얼리거나 저장한 것은 겨울에서 봄까지 먹을 수 있다.

쌉쌀한 흙냄새가 조금 나긴 하지만 맛은 달다. 유럽에서는 사탕수수 설탕 맛을 알기 전까지 단맛을 더하는 데 이용해온 게 파스닙이다. (한국어로는 설탕당근이라고도 부른다). 발아하는 게 다소 변덕스럽지만, 일단 싹이 트고 나면 그 뒤로는 잘 자라 제법 많은 수확을 낸다.

키우기

+ 파스닙 씨앗은 금세 약해지므로 신선할 때 뿌린다. 만약 오래된 씨앗이라면 넉넉히 뿌린다.

+ 너무 이른 시기에 씨앗을 뿌리지 않는 게 좋다. 만약 땅이 너무 차다면 싹을 틔우지 못한 채 땅속에서 썩거나 다른 동물에게 먹혀버릴 수 있다. 열정적인 농군이라면 토양의 열을 재는 온도계를 하나 장만해도 좋을 듯하다. 아니면 나의 예전 스승님이 '궁둥이 테스트'라 부르던 방법도 도움이 된다.

속옷 차림으로 흙 바닥에 앉아 차갑게 느껴진다면 파스닙을 심기엔 너무 추운 날씨다.

수확량

	한 포기당	1m²당
전체	100g	2kg

파

Allium cepa, A. fistulosom

생장 속도가 느린 작물들 틈에 사이 심기를 하기 좋은
작물이다. 양파와 리크 수확을 기다리는 여름에 알싸한 맛을
보게 해주는 것이 파다. 대체로 큰 문제 없이
잘 자라며, 골파 같은 잎을 얻기 위해 작게 수확할 수도 있다.

씨뿌리기   봄에서 이른 가을, 땅에 바로 뿌리는데
작물 사이 간격은 2.5cm, 줄 간격은
20cm로 띄어 뿌린다.
수확   씨 뿌린 뒤 대략 8~10주 뒤
먹는 방법   늦은 봄에서 가을 사이에는 신선한
것을 먹고, 겨울에서 초봄 사이에는 피클로 만들거나
얼려둔 것을 먹는다.

수확량

	한 포기당	1m²당
전체	10g	2kg

키우기

+ 무와 상추 종류와 더불어 파 역시 텃밭 농사 초보자나 공간 제약이 많은 이에게 권하고 싶다. 파는 빨리 자라기 때문에 다른 작물들이 자라는 동안 수확하는 재미를 안겨준다.

+ 파는 뿌리를 깊게 내리지도 않고 양분을 많이 소모하지도 않아 화분에서도 정말 잘 자란다. 볕이 잘 드는 창가에서라면 실내에서도 키울 수 있다. 너비 15cm, 깊이 12cm의 화분이면 충분하다.

+ 나는 작은 구근이 있는 품종도 좋아한다. 이런 종류는 수확 시기가 다양해 아주 어릴 때 수확하면 샐러드에 넣어 먹고, 조금 기다리면 예쁘고 부드러운 맛이 나는 하얀 구근을 먹을 수 있다. 씨를 촘촘하게 뿌렸다가 작은 개체는 솎아내 어릴 때 먹고 나머지는 더 자라도록 두었다 먹는다.

+ 노균병은 파를 키울 때 가장 큰 걱정거리다. 습한 환경이라면 노균병에 강한 품종을 찾아 키우도록 한다.

+ 파는 싹도 금방 트고 땅에서 자라는 기간도 길지 않아 나는 땅에 바로 씨를 뿌린다. 하지만 파 역시 모종판 한 칸에 여러 개씩 심었다가 모종을 옮겨 심어도 된다. 이렇게 심을 때는 무리마다 10cm 정도 간격을 둔다.

제로 웨이스트 팁

+ 조금씩 자주 수확해 모두 먹는 것이 쓰레기를 줄이는 최선의 방법이다. 파 종류는 대부분 제때 수확하지 않으면 잎이 누레진다. 수확한 뒤에도 잔손이 많이 가고 버리는 부분이 많아진다는 뜻이다.

+ 파는 일단 수확하면 오래가지 않는다. 조금이라도 신선하게 보관하려면 물컵에 꽃처럼 꽂아놓는 수밖에 없다. 물컵에 꽂아 냉장고에 넣는 것이 가장 좋다.

+ 사정이 있어 한 번에 많은 양을 수확해야 한다면 수확 즉시 얼리거나 피클로 만든다.

수확량이 많다면

+ 파는 아름다운 피클 재료다. 대체로 양파보다 살짝 부드러운 맛을 낸다.

+ 구근이 자라는 품종이라면 땅속에서 조금 더 자라게 두었다가 작은 양파 모양으로 피클을 담가도 된다.

+ 파를 얼리는 일은 아주 쉽다. 얇게 썰어 봉지나 통에 넣어 얼리면 된다. 장기 보관할 때는 살짝 데쳐서 보관한다.

리크

Allium porrum

거친 환경과 추운 날씨에 잘 견디며 맛도 좋은 리크는 텃밭에
꼭 심으라고 권하고 싶은 작물이다. 품종을 잘 고르고,
날씨가 조금만 도와주면 늦여름부터 이듬해 초봄까지 줄곧
신선한 리크를 먹을 수 있다. 리크를 직접 키우는 묘미는
두툼한 녹색 이파리까지 모두 맛볼 수 있다는 것.

씨뿌리기	봄철, 모종판에 파종	
모종 심기	봄이나 이른 여름	
수확	늦은 여름부터 이른 봄까지	
먹는 방법	늦은 여름부터 이른 봄까지는 신선한 것을 먹고, 봄부터 이른 여름까지는 얼리거나 피클로 만들어 먹는다.	

수확량

	한 포기당	1m²당
전체	200g	3.6kg

키우기

✦ 땅에 바로 씨를 뿌려도 되지만 리크는 생장 속도가 느리기 때문에 잡초 관리를 하려면 리크밭에 붙어 살아야 할 판이다. 그래서 싹을 틔워 모종을 옮겨 심는 방법을 추천한다. 새싹은 모종판에서도 잘 자라지만, 나는 퇴비 더미나 땅에서 싹을 틔워 모종을 키우는 방식을 좋아한다. 이렇게 하면 모종이 더 크고 튼튼하게 자라 기후 조건이 잘 맞지 않아도 스트레스를 덜 받는다.

✦ 모종을 옮겨 심을 때는 디버dibber(구멍 파는 도구)로 흙에 15cm 깊이의 구멍을 파 그 자리에 심는다. 어린 모종 역시 제법 강인하므로 심다가 뿌리가 조금 다친 듯해도 걱정하지 말자. 어떤 이는 더 잘 자라게 하기 위해 옮겨 심을 때 이파리와 뿌리를 다듬기도 하지만 꼭 그래야만 하는 것은 아니다. 모종을 구멍 안에 심은 후에는 물을 충분히 준다. 이 과정에서 흙이 충분히 들어가야 뿌리를 덮고 자리를 잘 잡는다. 뿌리를 심은 구멍이 깊을수록 리크의 흰 뿌리가 길어진다. 혹은 리크가 자라나는 동안 줄기 주변으로 흙을 모아 쌓으면 흰 뿌리 부분을 길게 키울 수 있다. 나는 녹색 리크 이파리의 맛도 좋아하고 일 만드는 것을 반기지 않는 터라 굳이 흰 뿌리를 길게 키우는 수고는 하지 않는다.

✦ 리크는 녹병균이라는 곰팡이나 흰곰팡이균의 공격을 받기도 한다. 녹병균은 주로 건조한 날씨에 생기므로, 물을 주면 개선되고, 흰곰팡이균은 주로 습한 날씨에 생기므로 모종을 심을 때 간격을 널찍하게 해서 공기가 잘 통하게 하면 예방할 수 있다.

✦ 최근 리크 나방이 늘어나는 추세다. 리크 나방을 막는 유일하고 확실한 방법은 아주 좋은 작물용 그물 커버를 씌우는 것이다. 튼튼하게 자란 개체라면 리크 나방의 공격을 받은 뒤 다시 자라나기도 한다.

제로 웨이스트 팁

✦ 쓰레기를 줄이는 가장 좋은 방법은 리크 이파리까지 모두 먹는 것이다. 밭에 자라는 파란 리크를 볼 때마다 시장에서 파는 리크의 이파리가 얼마나 많이 잘려가는지 보여 몹시 언짢다. 리크의 녹색 잎을 소스나 수프에 넣으면 맛을 충분히 즐길 수 있다.

수확량이 많다면

✦ 리크 품종은 대부분 땅에 오래 남아 있어도 별 문제가 없기 때문에 한꺼번에 리크를 수확해 고민하는 일은 잘 생기지 않는다. 하지만 혹시라도 그런 일이 생긴다면… 수프, 수프, 수프다. 나는 리크 수프를 사랑한다.

✦ 리크 역시 언제든 피클로 만들 수 있고, 냉장 보관도 쉽다. 물론 얼리기 전에 흙을 깨끗이 씻어야 한다. 흙이 묻은 채 얼려두었다가 나중에 닦으려면 골치가 무척 아프다.

마늘

Allium sativum

마늘은 막상 수확하면 시장에서 파는 것보다 알이 작아 실망스러울 수 있지만 나는
마늘 키우기를 사랑한다. 마늘은 키우기가 무척 쉽고 직접 키우면 맛이 더 좋다.
마늘은 겨울을 거쳐 여름이 지날 즈음 땅 위로 올라오기 때문에 늦게 씨를 뿌리는
작물을 시작하기 전 돌려짓기 작물로 심기 좋으며, 녹색 두엄의 역할도 한다.

씨뿌리기	늦은 가을이나 겨울	
모종 심기	필요 없다.	
수확	이른 여름에는 풋마늘을, 한여름에는 다 자란 마늘을 수확한다.	
먹는 방법	여름철에는 신선한 것을 먹고, 가을에서 겨울 사이에는 말린 것을 먹는다. 겨울에서 봄 사이에는 얼려둔 것이나 피클로 만든 것을 먹는다.	

수확량

	한 포기당	1m²당
전체	50g	1.4kg

키우기

+ 구근이 확실하게 자라려면 심은 뒤 두 달 동안 추운
  날씨가 유지되어야 한다. 그러므로 대부분의 지역에서
  마늘은 가을 끝자락이나 이른 겨울에 심는 것이 좋다.
  본격적인 겨울이 시작하기 전에 너무 크게 자라면
  냉해를 입거나 바람에 날아갈 수 있으니 너무 크게
  자라지 않도록 주의한다.

+ 뾰족한 마늘 끝이 살짝 보일 정도로 밀어 넣어
  심는다. 대부분의 책에서는 얕은 구덩이를 파라고
  권하지만 땅이 너무 눌려 있지만 않다면, 굳이
  구덩이는 파지 않아도 된다. 땅이 단단하면 마늘을
  심을 때도 수고롭지만 키울 때 더 큰 문제다.

+ 마늘 키울 땅을 때에 맞춰 준비하지 못했더라도
  실망할 필요는 없다. 마늘 한 쪽을 화분에 심어
  바깥에서 키우는 방법도 있다. 화분 속에서 뿌리를
  내린 마늘을 봄이 되기 전 나머지 조건이 적당할 때
  언제든 옮겨 심을 수 있다.

+ 마늘 머리가 노랗게 여물기 전 상태인 풋마늘은
  여름을 알리는 신호다. 풋마늘이 올라오는 순간부터는
  어느 때나 수확해도 되지만 구근을 저장하고 싶다면
  지면의 풀이 시들어 죽도록 땅속에 둔다.

제로 웨이스트 팁

+ 수확한 지 오래되어 쭈글쭈글해지고 싹이 난 마늘도
  버릴 필요가 없다. 신선한 마늘처럼 요리 재료로
  사용할 수 있고, 아니면 물을 담은 컵에서 싹을 키워
  파란 잎을 샐러드나 파스타에 향과 색을 더하는
  장식으로 사용할 수 있다.

수확량이 많다면

+ 나로서는 도저히 이해가 가지 않는 말이지만 혹시라도
  마늘이 많이 남는다면 피클을 만들라. 혹은 다져서
  오일이나 버터와 함께 얼음 틀에 칸칸이 넣어 얼려도
  좋다. 한 알씩 떼어내 요리할 때 쓰면 편리하다.

**마늘 한 쪽을 화분에 심어
바깥에서 키우는 방법도 있다.
화분 속에서 뿌리를 내린 마늘을
봄이 되기 전 조건이 적당할 때
언제든 옮겨 심을 수 있다.**

파속

양파와 셜롯

Allium cepa, Allium cepa

품질 좋은 양파를 얼마든지 싸게 살 수가 있지만 그래도 나는
양파 기르는 일이 행복하다. 신중하게 품종을 고르고 저장을
잘하면 1년 내내 먹을 만큼 자급할 수 있다. 물론 우리 가족만큼
양파를 많이 먹는다면, 제법 넓은 땅이 필요할 테지만 말이다.

씨뿌리기	늦은 겨울이나 이른 봄, 모종판에 뿌린다.
모종 심기	이른 봄, 양파 모종 세트를 구해서 심는다.
수확	늦은 여름에서 가을까지
먹는 방법	늦은 여름에는 신선한 것, 가을에서 이른봄까지는 말린것 봄에서이른여름까지는 피클이나 얼린 것을 먹는다.

수확량

	한 포기당	1m²당
전체	100g	4kg

키우기

+ 양파 세트(농사를 위해 특별히 키운 아기 양파)를 사다가 심는 것이 가장 쉽다. 심기도 잡초 관리도 간단한 데다 수확물의 품질도 좋다. 단, 저장성은 씨앗을 뿌려 키울 때보다 떨어진다.

+ 셜롯은 양파와 같은 방식으로 자라지만 커다란 구근을 만들어가며 자라는 것이 아니라 작은 구근 여럿으로 나뉘어 자란다.

+ 씨앗에서부터 싹을 틔워 양파를 키우는 것은 조금 더 까다로운 문제다. 부피가 자라날 시간이 필요하므로 양파 세트를 살 때보다는 일찍 시작해야 한다. 양파 싹은 참으로 가늘고 여리기 때문에 잡초 관리가 쉽지 않다. 하지만 일단 싹이 성공적으로 자란 뒤에는 수확도 좋고 저장성도 뛰어나 완벽한 양파 자급을 꿈꾸는 이들에게 추천한다.

+ 양파 씨앗은 모종판 한 칸에 여러 개씩 뿌려 싹을 틔우는 방법이 가장 좋다. 이렇게 키우면 한 알씩 틔운 싹으로 키울 때보다 구근은 살짝 작을 수 있으나, 공간 효율이 훨씬 좋고 총수확량도 많다. 모종은 아주 약하기 때문에 옮겨 심을 때에는 각별한 주의가 필요하다.

+ 일찍 수확할 품종을 찾는다면 겨울 동안 키울 수 있는 일본 양파Japanese onions를 추천한다. 대부분의 품종보다 1, 2주 정도 일찍 수확할 수 있다. 나도 일본 양파를 키워본 적이 있는데, 겨울 내내 돌봐주는 것이 힘들어 그 후로는 포기했다.

+ 붉은 양파는 대체로 흰색보다 맛이 부드럽다. 덥고 건조한 해에는 양파 맛이 좀 더 강렬해진다. 달콤하고 부드러운 맛의 양파를 원한다면 물을 많이 준다.

+ 생장 초기에는 시원한 날씨가 지속되어야 양파가 잘 자라지만 온전히 자라려면 따뜻한 기온이 오랫동안 지속되어야 한다.

제로 웨이스트 팁

+ 초록 싹부터 음식에 이용하면 양파 키우는 보람을 일찍 맛볼 수 있다. 양파를 저장하고 싶다면 지면에 올라온 부분이 죽어 마를 때까지 기다리는 것이 가장 좋지만 그렇다고 해서 그 전에 수확할 수 없다는 뜻은 아니다. 양파의 이파리 부분은 잘게 잘라 샐러드나 피자 토핑에 이용한다.

+ 양파의 일부가 웃자라더라도 포기하지 말라. 웃자란 양파도 구근의 양분을 꽃 피우고 씨를 맺는 데 쓰기 전에 재빨리 수확하면 먹을 수 있다. 수확 시기가 이보다 더 늦어졌다 해도 여전히 먹을 수 있는 방법이 있다. 양파 싹이나 어린 꽃, 이 두 가지는 찜 요리나 피클 재료로 쓸 수 있다.

수확량이 많다면

+ 신선하게 바로 먹는 것 몇 개를 제외하고 양파는 대부분 저장한다. 양파의 건조한 껍질은 완벽한 보호 장치이므로 보관의 핵심은 따뜻하고 건조한 장소에 두는 것이다. 뿌리채소나 사과와 달리 공기가 순환되는 곳에 보관해야 하며, 양파의 일부가 상해도 껍질에 가려 모를 수 있으니 정기적으로 확인해야 한다.

+ 양파 피클도 너무나 맛있지만, 다른 피클에 부재료로 넣으면 더욱 훌륭한 역할을 한다. 하지만 양파는 말려둬도 좋기 때문에 엄청나게 많은 양이 남아 썩거나 싹이 날 걱정을 하는 것이 아니라면 굳이 피클을 담그거나 얼릴 필요까지는 없다. 단, 곰팡이병이 도는 해의 수확물은 썩거나 싹이 날 확률이 높다.

파속

가지

Solanum melongena

가지는 키우기가 만만하지 않은 괴팍한 채소다. 하지만
일단 잘 자라면 만족도가 높다. 점점 기후가 온난해지고
신품종이 나와 야외에서 키우는 것도 가능해졌지만, 대체로
추운 환경에서는 보호가 필요하다. 나는 비교적 금방
수확할 수 있는 미니 가지와 가느다란 품종들을 좋아한다.

씨뿌리기   늦은 겨울이나 아주 이른 봄에,
           온실이나 터널 안에서 뿌린다.
모종 심기   늦은 봄이나 이른 여름
수확   여름
먹는 방법   여름에는 신선한 것을 먹고, 피클이나
           처트니, 냉동 상태로 보관하면 1년 내내 먹을 수
           있다.

수확량

	한 포기당	1m²당
전체	900g	2.75kg
1회	300g	900g

키우기

+ 가지는 키우는 데 시간이 걸리고 따뜻한 날이 많아야 한다. 흔히 서늘한 지역에서는 잘 키우기 어렵다고 하지만 그렇다고 불가능한 것은 아니다. 난방이 되는 번식 장소와 온실이나 비닐 터널 정도만 있으면 얼마든지 가지를 잘 키울 수 있다.

+ 가지씨가 싹을 틔우는 이상적인 온도는 25~30℃이다. 16℃ 정도 온도에서도 싹을 틔울 수는 있지만 싹이 나는 속도가 느리고 발아 비율도 낮다.

+ 늦겨울이든 아주 이른 봄이든 가능한 한 일찍 가지 농사를 시작한다. 그래야 야외로 옮겨 심을 즈음 튼튼한 모종이 준비된다.

+ 가지가 크게 자라면 지지대가 필요하다. 넝쿨을 타고 오르지는 않지만 열매에 무게가 실리면서 줄기가 끊어지기도 한다. 품종에 따라 가운데 줄기만 지지해줘도 되는 종류가 있고, 지지대가 여럿 필요한 경우도 있다. 장식용으로 심는 다년생식물에 사용하는 지지대 정도면 괜찮다. 땅에서 45cm 정도 되는 곳에 철사로 만든 그물망을 세워도 된다.

+ 가지와 가지 사이에는 60cm 정도의 간격이 필요하고 수분을 충분히 공급해야 한다. 가지 주변의 습도 자체를 올리기 위해 이파리 부분에 물을 곱게 분사하거나 온실 내 골에 물을 많이 뿌리는 것도 도움이 된다.

+ 한 개체당 열매 수를 제한하는 것이 좋다. 열매를 몇 개 정도 맺게 둘 것인가는 토양의 상태와 개체 간의 간격에 따라 다르다. 너무 많은 열매가 맺히면 수확할 즈음에 죄다 작은 가지만 달려 있거나 그중 몇 개는 아예 가지 열매로 자라지 않는다. 열매를 크게 맺는 품종이라면 한 개체당 5개를 목표로 하는 것이 적당하다. 가끔 작물 스스로 더 많은 열매를 생산할 에너지가 부족하면 꽃을 떨어뜨려 열매 수를 조절하기도 한다.

수확량이 많다면

+ 가지로 사랑스러운 맛의 처트니를 만들 수 있다. 피클로 저장해도 좋다. 피클은 소금을 뿌려 수분을 뺀 다음 1, 2분 정도 익혀 만든다.

+ 가지는 얼리기 좋다. 가장 좋은 방법은 오븐이나 팬에 구워 얼리는 것이다. 가지를 동그란 모양이나 기다란 방향으로 얇게 썰어 부드러워질 때까지 구운 후 소스나 찜 요리에 한 번 들어갈 분량씩 나누어 얼린다.

가지는 얼리기 좋다. 가장 좋은 방법은
오븐이나 팬에 구워 얼리는 것이다.
피클로 저장해도 좋다. 피클은 소금을 뿌려
수분을 뺀 다음 1, 2분 정도 익혀 만든다.

오이

Cucumis sativus

1년 내내 슈퍼마켓에서 오이를 살 수 있는 세상이지만
갓 딴 신선한 오이와 직접 키운 딜을 넣어 만든
차지키tzatziki(요구르트에 오이, 양파, 딜을 넣어 만든 그리스식 디핑 소스)가
가득 있다면 무척 행복하다. 야외에서 키울 수 있는 품종도
많지만, 생산성이 좋은 종류는 온실이나 터널이 필요하다.

씨뿌리기	봄에 화분에 뿌린다.
모종 심기	늦은 봄이나 이른 여름
수확	여름에서 이른 가을까지
먹는 방법	여름에서 이른 가을 사이에는 신선한 것을 먹고, 얼리거나 피클로 만든 것은 1년 내내 먹는다.

수확량

	한 포기당	1m²당
전체	3kg	12kg
1회	300g	1.25kg

키우기

+ 오이는 습도가 높은 환경에서 잘 자란다. 이 때문에 정반대의 성질인 토마토와 함께 키운다면 온실 안에서 알맞은 생장 환경을 만들기가 어렵다. 오이 이파리에 정기적으로 물을 분사하는 것도 도움이 되는데, 특히 덥고 건조한 온실 환경을 좋아하는 사과응애의 피해를 줄일 수 있다

+ 심는 입장에서는 하루라도 빨리 수확물을 손에 넣고 싶겠지만 작물의 건강을 위해서는 키가 60cm 정도 자랄 때까지 기다리면서 맺는 꽃들을 따줘야 튼튼하게 자란다.

+ 가지치기 방법은 다양하며, 심지어 상업적인 재배 시스템에서도 방법이 제각각이다. 일반적으로 작물을 덜 솎아내고 가지를 덜 칠수록 기대 수확량은 늘어나지만, 병해를 입을 위험은 높아진다. 곁순들을 많이 잘라내면 이파리들이 많이 남지 않고, 이렇게 되면 작물의 지탱력은 떨어지지만 공기의 순환은 원활해져 곰팡이 감염 위험이 준다. 열매가 한두 개 열리면 새로 나는 곁순을 떼내고 열매 하나당 이파리 한두 개 정도는 남겨두는 게 좋다.

제로 웨이스트 팁

+ 오이꽃은 샐러드에 넣어 먹어도 좋고, 여름 음료에 장식으로 곁들이기도 좋다.

+ 열매가 몰려서 맺히는 것을 막기 위해 솎아낸 어린 열매를 버리지 말 것. 아기 오이는 시원한 간식거리로 그만이다.

수확량이 많다면

+ 오이를 얼려도 되지만 냉동실에서 꺼내 물컹해진 오이를 샐러드에 넣는 것은 별로 좋지 않다. 그러나 가스파초(차가운 수프), 주스, 차지키 재료로는 괜찮다.

+ 오이피클은 그야말로 피클의 제왕. 짤막한 오이는 통으로 쓰고, 큰 것은 잘라 만든다.

주키니

Cucurbita pepo

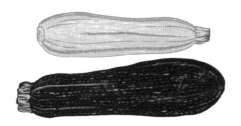

주키니를 키운다면 수확량 예측은 기대도 하지 말라. 초반에는
첫 수확물을 애타게 기다리지만 어느새 하루가 다르게 늘어가는
주키니를 보며 "제발, 이제 그만~"을 외치게 된다. 그러다
막바지에 흰곰팡이병이라도 만나게 되면 허망하게 죽어버려
느닷없이 아쉬운 이별을 고할 수 있다.

씨뿌리기	봄철에는 화분에, 이른 여름에는 땅에 바로 뿌린다.
모종 심기	늦은 봄부터 이른 여름
수확	여름에서 가을까지
먹는 방법	여름에서 가을까지는 신선한 것을 먹고, 겨울에서봄까지는 피클이나 얼려저장한것을 먹는다.

수확량

	한 포기당	1m²당
전체	3kg	9kg
1회	200g	600g

키우기

+ 더운 날씨, 민달팽이가 없는 환경이라면 모종보다
  땅에 바로 씨를 뿌린 것들이 훨씬 잘 자란다. 이런
  환경에 맞춰 유리한 출발을 할 수 있도록 실내
  화분에서 싹을 틔워 옮겨 심기도 한다. 온실이나
  실내에서 싹을 틔운 주키니는 그동안 편안한 환경에
  익숙해진 터라 모종을 밖으로 옮겨 심으면 처음 한두
  주는 바람에 약하다. 실내에서 새싹이 자라는 동안
  손으로 부드럽게 싹을 쓸어 넘기며 바람에 흔들리는
  환경을 적응시키면 튼튼하게 자라는 데 도움이 된다.

+ 주키니는 열매뿐 아니라 작물 자체가 제법 크게
  자라기 때문에 한 개체당 적어도 1m² 정도의 공간이
  확보되어야 한다.

+ 주키니 열매는 아주 빨리 자란다. 어떤 사람들은
  커다랗게 다 자란 주키니를 좋아하지만 나는 작을
  때 수확하는 것을 좋아한다. 지나치게 큰 크기와
  넘쳐나는 수량에 당황하지 않도록 미리 규칙적으로
  따준다.

+ 수분이 부족하면 열매가 제대로 여물지 않는다.
  건조한 환경에서는 정기적으로 물을 준다.

+ 낮게 자라는 흰꽃 클로버나 노란 트레포일trefoil은
  주키니와 함께 밑 심기를 하기 좋은 짝이다. 초기에
  녹색 두엄 역할을 하는 클로버 종류가 주인공인
  주키니가 자랄 땅까지 너무 침범하지 않는지만
  잘 살펴주면 된다. 주키니 싹이 제대로 성장하기
  시작하면 금세 녹색 두엄을 제치고 번성한다.

+ 노란 주키니 종류는 녹색 주키니에 비해 살짝 덜
  왕성하게 자라고 열매는 조금 작게 열리는 편이다.

제로 웨이스트 팁

+ 주키니꽃도 먹을 수 있다. 크리미한 재료로 속을
  채우거나 튀김옷을 입혀 기름에 튀긴다. 이렇게
  조리한 주키니꽃은 파스타나 볶음 요리에 곁들이기
  좋다. 암꽃은 주키니가 아주 작고 어릴 때 따야 한다.
  그렇지 않으면 열매가 작고, 꽃도 금세 말라 떨어져
  나간다. 수꽃은 식용으로 이용하는 것 외에는 아무
  쓸모가 없다.

+ 주키니와 애호박은 둘 다 퇴비 더미에서 잘 자란다.
  시판 퇴비가 아니라 텃밭에서 퇴비로 만들어지는
  조합물을 말한다.

수확량이 많다면

+ 주키니는 강렬한 맛은 없고 수분이 대부분이다.
  따라서 오래 조리할 필요가 없고, 소스나 스튜,
  수프에 수분을 더하기 위해 넣는다.

+ 주키니를 곱게 채 썰면 케이크나 샐러드 재료로
  이용할 수 있다. 나선형으로 길게 돌려 깎는 손질법도
  주키니에 적합하다.

+ 주키니는 얼려도 되지만 냉동실에서 꺼내면 물컹하다.
  얼린 주키니는 수프나 캐서롤 같은 찜 요리에는
  적당하지만, 본래의 맛과 질감이 살지는 않는다.

완두콩

Pisum sativum

완두콩은 수확하는 순간 단맛을 잃기 시작하기 때문에 나는
수확한 지 몇 시간 안에 얼린 냉동 완두콩을 산다.
하지만 내 밭에서 키워 곧바로 식탁으로 가져오는 완두콩은
차원이 다르다. 우리 집에서는 밭에서 수확한 완두콩이 주방까지
오기도 전에 먹어 없어지는 일이 허다하다.

씨뿌리기	이른 봄에서 늦은 여름까지, 밭에 직접 뿌리거나 모종판에 심는다.
모종 심기	늦은 봄에서 늦은 여름까지
수확	여름에서 가을까지
먹는 방법	여름에서 가을 사이에는 신선한 것을 먹고, 겨울에서 봄사이에는 말리거나 얼린 것을 먹는다.

수확량

	한 포기당	1m²당
전체	100g	2kg
1회	20g	400g

키우기

+ 완두콩을 키우기는 비교적 쉽지만 준비와 수확에
  손이 많이 가고 시간도 오래 걸린다.

+ 5~10cm 정도 간격으로 촘촘하게 씨를 뿌리되 줄
  간격은 45cm 정도 띄어 두 줄로 심는다. 이렇게
  많이 심을 필요가 있을까 생각할 수도 있겠지만 내가
  키워본 바로는 심은 작물이 다 살아남지는 못한다.
  넝쿨을 감을 정도까지 자라면 자기 살 길을 찾은
  것들만 산다. 몇 개나 살아남았는지를 보며 다음해
  완두콩밭 크기를 결정한다.

+ 완두콩의 천적은 쥐다. 쥐들은 완두콩을 아주
  좋아해서 땅에 심은 것뿐 아니라 화분 안에 심은
  것도 파먹는다. 쥐의 피해를 입을 것 같다면 모종판을
  그물로 덮거나 쥐가 타 오를 수 없는 선반 위에
  올려둔다.

+ 그린빈과 마찬가지로 완두콩 역시 꾸준히 수확을
  해야 계속 생산할 수 있다. 너무 자라게 내버려두면
  질겨진다. 모든 꼬투리를 잊지 말고(밭 한가운데 땅
  쪽에 달린 작은 꼬투리조차 말이다) 따지 않으면 작물이
  성숙기로 접어들면서 수확량이 감소한다.

+ 깍지완두mangetout(아주 작은 완두콩 모양으로 껍질째
  조리해 먹는다)나 슈거 스냅sugar snap 같은 종류는 어릴
  때 수확해야 한다. 조금만 시기를 놓치면 질겨진다.

제로 웨이스트 팁

+ 나중에 자라 꽃이 되는 완두콩 순은 샐러드에 넣으면
  맛있다. 실제로 예전에 셰프들에게 완두콩 순을
  납품하며 돈을 제법 벌었다. 어린 완두콩 순을 따면
  콩 수확에 전혀 영향을 주지 않는다는 점도 매력이다.
  심지어 작물이 더 무성하게 자라기도 한다. 나는
  완두콩을 연달아 키우면서 그때마다 초반의 1, 2주는
  순을 부지런히 따서 새순을 즐긴 다음 콩을 맺게
  둔다.

수확량이 많다면

+ 우리 집에서는 갓 따낸 완두콩을 깍지째 식탁에
  올려두기만 해도 확확 줄어든다. 가족들이 쿠키 집어
  먹듯 오가며 간식으로 먹기 때문이다.

+ 하지만 간식으로 먹어 없앨 수 있는 정도의 양이
  아니라면 피클을 추천한다. 완두콩은 훌륭한 피클
  재료다. 깍지완두와 슈거 스냅으로 피클을 담그면
  특히 훌륭하다. 두 종류 다 냉동 보관을 하기도 좋다.
  최상의 맛을 누리고 싶다면 수확하자마자 지체 없이
  준비해 냉동실로 보내야 한다.

열매채소

작두콩

Vicia faba

콩 중에 가장 일찍 심고 추운 날씨에 잘 견디는 것이 바로 작두콩
(잠두, 누에콩)이다. 싹 틔우기도 쉬우며, 믿고 키울 수 있는 작물이다.
새로 개발된 짧은 품종들은 지지대를 세울 필요도 없다. 어느 정도의
그늘에서도 잘 버티고 잘 자란다. 특히 일찍 씨를 뿌리는 품종은 나무가
울창해지는 시기에 생장하기 때문에 그늘에서 잘 견디는 것이 장점이다.

씨뿌리기 늦은 겨울 혹은 아주 이른 봄에 난방의
            도움을 받으며 뿌린다.
모종 심기 늦은 봄 혹은 이른 여름
수확   여름
먹는 방법 여름철에는 신선한 것을 먹고, 피클이나
            처트니로 만들어서, 혹은 얼려서 1년
            내내 먹는다.

수확량

	한 포기당	1m²당
전체	100g	1.6kg
1회	25g	400g

키우기

+ 작두콩은 씨앗이 크고 싹이 금방 튼다(일주일 이내에
  싹이 트기도 한다). 따뜻한 날씨를 좋아하지만, 7℃
  정도의 낮은 온도에서도 싹을 틔울 수 있다. 싹
  틔우는 환경뿐 아니라 작물 자체도 추위를 잘 견딘다.

+ 다음 해 일찍 수확할 계획으로 늦가을에 씨를 뿌려도
  되지만 조금 늦게 수확하려면 이른 봄에 씨를 뿌린다.
  겨울을 땅속에서 보내는 양파와 마찬가지로, 나는
  겨울 내내 신경 쓰며 들여다보는 것이 번거로워 봄에
  씨 뿌리는 편을 좋아한다.

+ 씨는 15~20cm 간격으로 띄어 두 줄을 심고, 다시
  60cm 띄고 또 두 줄을 심는다.

+ 이전에 나온 품종들은 키가 좀 더 큰 편인데, 한
  포기당 수확량은 약간 더 많을지 모르나 뭔가 지지할
  것이 필요하다. 나는 작두콩밭 가장자리나 심어놓은
  자리를 따라 막대기를 꽂고, 무릎과 가슴 높이 정도에
  끈을 친다. 이렇게 하면 바람이 많이 불어도 막대기나
  작물이 휘청거리는 것을 막을 수 있다.

+ 작두콩 하나하나마다 막대기를 꽂아도 되지만
  지지대가 그 정도로 많이 필요하지는 않다.

+ 작두콩은 시원한 날씨와 물을 좋아한다. 봄여름에
  일단 꼬투리가 열리기 시작하면 물을 잘 줘야 실한
  콩을 얻을 수 있다.

제로 웨이스트 팁

+ 작두콩잎의 새순은 참 맛있다. 진딧물이 생기기 전에
  새순을 따주면 작두콩의 가장 큰 적인 진딧물의 수를
  줄일 수 있다. 작물의 키가 60cm 정도 되면 꼭대기
  부분을 손으로 뜯어주자. 튼튼하고 무성하게 자라는
  데 도움이 된다.

수확량이 많다면

+ 잠두, 누에콩이라고도 불리는 작두콩은 병아리콩이
  들어가는 음식에 대신 넣어도 된다. 후무스, 수프
  등 많은 요리를 신선한 작두콩이나 말린 작두콩으로
  만들 수 있다.

+ 오래 보관할 수 있는 가장 간단한 방법은 말리는
  것이다. 넓은 쟁반이나 채반에 꼬투리째 넓게 펼쳐
  온실, 비닐 터널 혹은 볕 좋은 창가 등에서 말린다.
  꼬투리가 말라 바스락거리면 두 손으로 비벼 꼬투리는
  털어내고 마른 콩만 골라낸다. 껍질을 벗겨낸 다음 그
  상태로 조금 더 말려 보관한다.

그린빈

Phaseolus vulgaris
Phaseolus vulgaris
Phaseolus coccineus

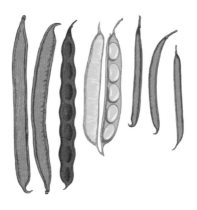

그린빈(풋강낭콩, 껍질콩)은 가늘고 기다란 것부터 납작한 것,
50cm 정도 자라는 것까지 품종마다 모양과 색상이 다양하다.
텃밭에 이 중 어느 하나라도 꼭 심는 텃밭의 터줏대감이다.

씨뿌리기	늦은 봄, 땅에 바로 씨를 뿌리기도 하고, 화분이나 모종판에 뿌리기도 한다.
모종 심기	마지막 서리가 내린 뒤 이른 여름
수확	늦은 여름부터 이른 가을까지
먹는 방법	여름부터 이른 가을에는 신선한 것을 먹고, 겨울에서 봄까지는 얼리거나 말린 것 또는 피클로 만든 것을 먹는다.

수확량

	한 포기당	1m²당
전체	150~200g	3.6~4.5kg
1회	25g	600~800g

키우기

✦ 껍질째 먹는 콩 종류는 좋아하는 토양, 기후, 수분 정도가 모두 다르다. 콩과식물답게 질소 함량을 스스로 조절할 수 있기 때문에, 비료를 많이 주지 않아도 된다. 물이 잘 빠지는 토양을 좋아하지만 일단 콩이 여물기 시작하면 물을 잘 줘야 한다.

✦ 콩꼬투리가 생기기 시작하면 정기적으로 따줘야 한다. 열린 콩꼬투리를 따지 않고 그대로 두면 작물은 씨앗을 생산하는 임무를 다했다고 인식해 더 많은 꽃을 피우는 대신 더 크게 자라는 데에 양분을 쓴다. 여기에 예외가 되는 종류가 호랑이강낭콩이다. 이 콩은 통통해져서 꼬투리가 마르는 것처럼 보일 때까지 따지 말고 그대로 자라게 두어야 한다.

✦ 보통 작물 사이의 간격은 15cm, 줄 간격은 30~40cm 정도 떼어 심는다. 하지만 품종에 따라 조금씩 차이가 있어 러너빈runner beans(깍지콩)은 다른 콩보다 좀 더 넓은 공간이 필요하다.

✦ 그린빈은 작은 나무처럼 자라는 종류와 넝쿨형이 있다. 넓적한 그린빈과 가느다란 그린빈은 나무와 넝쿨 두 가지 형태로 모두 자랄 수 있다. 하지만 러너빈은 이름 그대로(runner, 넝쿨) 넝쿨형으로만 자란다. 나무처럼 자라는 종류는 지지대가 전혀 필요 없지만 넝쿨형은 당연히 타고 오를 무언가가 필요하다. 막대기나 옥수숫대 등 모두 가능하다.

✦ 콩을 받치는 지지대를 대부분 A자 형태로 세우는데, 사실 X자 형태로 세우는 편이 수확하기 편리하다. 콩꼬투리는 아래쪽으로 매달리며 열리는데, 지지대를 X자로 세우면 꼬투리가 지지하는 구조물의 바깥쪽으로 매달리기 때문에 한눈에 잘 보이고 손 닿기도 쉽다. A자로 세우면 구조물의 가운데 쪽으로 꼬투리가 달려 잘 보이지 않는다.

✦ 넝쿨을 타는 콩 종류가 나무에서 열리는 종류보다 수확량이 많지만 수확 기간은 훨씬 길다. 나무에서 열리는 콩을 일찍 심은 경우 대부분의 콩이 제대로 잘 자랄 때까지 기다린 다음, 전체를 뽑아 콩을 거두고 그 자리에 다른 작물을 심는다.

✦ 나는 종종 시즌이 끝나갈 즈음 마지막 수확물을 남겨둔다. 직접 키운 작물의 씨를 받아 내년에 뿌릴 계획이라면 권장하는 방법이다.

> 열린 콩꼬투리를 따지 않고 그대로 둔다면 작물은 씨앗을 생산하는 임무를 다했다고 인식해 더 많은 꽃을 피우는 대신 더 크게 자라는 데에 양분을 쏟는다.

제로 웨이스트 팁

+ 작물의 지지대나 그 사이를 연결하는 끈으로
  플라스틱이나 나일론 제품은 쓰지 않도록 한다.
  단순히 플라스틱 제품을 쓰지 않으려는 이유 때문만은
  아니다. 마로 된 끈처럼 썩는 천연 소재로 지지대를
  묶으면, 수확이 끝난 뒤에 작물의 남은 부분과
  노끈까지도 퇴비 더미로 함께 썩힐 수 있다.

+ 콩은 아직 어릴 때 딸 것. 이렇게 하면 수확량은 조금
  줄어들지도 모르지만 남아서 버려지는 양을 줄일 수
  있고, 그보다 더 중요한 것은 억센 콩깍지 끝을 따는
  데 들어가는 수고를 줄일 수 있다(러너빈이나 넓적한
  그린빈 종류에서는 이게 대단히 골치 아픈 문제다).

+ 시즌이 끝나갈 무렵 잊어버리고 따지 못한 콩이 남아
  있다면 그대로 남겨두어 말린다.

수확량이 많다면

+ 나는 버터, 소금, 후추로만 간을 한 그린빈을
  산더미같이 쌓아두고 먹을 정도로 좋아한다. 하지만
  농사라는 건 인간의 힘으로 조절할 수 없는 부분이
  너무나 많아 나처럼 많이 먹는 사람도 감당하지
  못하는 때가 간혹 있다.

+ 콩을 따지 않고 그대로 남겨두어 말리는 것은 수확
  시기를 늦출 수 있는 가장 쉬운 방법이다.

+ 그린빈은 훌륭한 피클 재료다. 작은 것은 통째로, 긴
  것은 조금 잘라서 담근다. 그린빈은 얼려두기도 좋다.
  아삭한 맛이 조금 덜하긴 하지만 나쁘지 않다.

돼지감자

Helianthus tuberosus

씨뿌리기	겨울철에 덩이줄기를 심는다.
모종 심기	필요 없다.
수확	겨울
먹는 방법	겨울철에 신선한 것을 먹는다.

돼지감자는 텃밭에 안정적으로 수확을 안겨주는 채소다.
벌레나 병의 피해를 거의 입지 않고 생산성도 좋다.
수확량을 조절하는 게 문제라면 문제다.

키우기

+ 껍질이 부드러운 '퓨조Fuseau' 품종을 고르도록 한다.
 너무 울퉁불퉁한 것은 껍질 까는 일이 성가셔 금세
 진력이 날 수도 있다.

+ 같은 자리에 그대로 두면 돼지감자는 해마다 알아서
 잘 자라겠지만 덩이줄기는 점차 작아지는 경향이
 있다. 그러니 2, 3년에 한 번씩은 다른 장소로 옮겨
 심는 것이 좋다.

제로 웨이스트 팁

+ 돼지감자의 노란 꽃은 잘라서 꽂아두면 아주 예쁘다.

+ 수프로 끓이면 한 번에 많은 양이 소비된다.

수확량

	한 포기당	1m²당
전체	2kg	12kg

겨울호박

Cucurbita

겨울호박을 제로 웨이스트로 키우는 데 반드시 지켜야 할 기본 규칙이
있다. 바로 맛있는 품종을 골라 키우는 것. 핼러윈 장식용으로 기르는
호박은 대체로 물컹하고 맛이 실망스럽다. 맛을 최우선으로 고르면 호박의
맛도 즐기고 핼러윈 장식 등도 만들 수 있다.

씨뿌리기	봄에는 실내에서 씨를 뿌려 싹 틔우고, 이른 여름에는 야외에 씨를 뿌린다.
모종 심기	아주 이른 여름
수확	가을
먹는 방법	가을에 수확해 두 달에서 다섯 달 정도 보관 가능

수확량

	한 포기당 호박 개수	호박 하나의 무게	한 포기당 수확하는 무게	1m²당 수확하는 개수
작은 것	5~10	500g	3kg	4
중간 크기	2~5	4kg	12kg	7
큰 것	1~2	8kg	14kg	9

키우기

+ 겨울호박이 자라는 데에는 놀라울 정도로 많은
  공간이 필요하다. 큰 품종은 한 포기에 2.75㎡
  정도, 작은 품종은 1.75㎡ 정도 차지한다. 텃밭이
  작다면 공간을 아껴 쓸 방법이 있다. 호박 모종이
  어릴 때 그 주위에 파같이 빨리 자라는 작물을 심어
  호박이 커질 즈음에 수확하는 것이다. 겨울호박을
  러너빈이나 옥수수처럼 위로 뻗어가며 크는 작물과
  함께 키우는 방법도 있다. 열매가 큰 종류라면
  어렵겠지만 미니 단호박이라면 격자 구조물인
  트렐리스에 넝쿨을 타고 올라가게 하는 수도 있다.
  작은 품종이라도 트렐리스 위에 지지대가 필요하다.
  호박이 자라는 아래쪽 빈 땅에는 녹색 두엄으로
  흰꽃 클로버나 노란 클로버를 심는다. 좁은 땅에 더
  많이 키울 수 있는 방법은 아니지만 첫서리를 맞고
  호박이 시들어버리더라도 햇빛을 양분으로 저장하는
  동시에 질소가 풍부한 토양을 덮어주는 녹색 두엄의
  역할을 톡톡히 해낸다.

+ 땅의 온도가 18℃ 정도로 충분히 따뜻하고 가을
  첫서리가 내리기 100일 전에 열매를 맺을 정도로
  충분히 일찍 뿌리기만 하면 겨울호박은 땅에 직접
  씨를 뿌릴 때 잘 자란다. 여름이 짧고 서늘한
  지역에서는 따뜻한 실내에서 화분에 씨를 뿌려 싹을
  틔운 다음 마지막 서리가 내린 후에 야외로 옮겨
  심는다. 호박이 싹을 틔운 뒤 첫 1, 2주 동안은 아주
  연약하기 때문에 바람으로부터 보호해주는 것도
  잊지 말자.

+ 겨울호박은 수분을 많이 필요로 한다. 특히 커다란
  크기의 호박을 원한다면 물이 매우 중요하다.
  모종을 심는 단계에서는 뿌리를 제대로 내리기 위해
  충분히 물을 주고, 일단 열매가 열리고 난 다음에는
  정기적으로 물을 준다.

+ 겨울호박은 대부분 씨를 뿌리고 적어도 100일은
  지나야 수확이 가능하다. 종류에 따라 서리 없이
  120일을 보내야 하는 것도 있다. 핵심은 인내심이다.
  너무 일찍 수확하면 호박은 보관성이 떨어진다.

제로 웨이스트 팁

+ 겨울호박의 씨는 먹을 수 있다. 하지만 결점이 하나
  있다. 씨를 얻기 위해 키운 호박의 씨앗은 껍질을
  벗겨낼 필요가 없을 만큼 표면이 부드럽지만 이런
  호박의 과육은 대개 아무 맛이 없고 질기기만 하다.
  대부분의 겨울호박은 씨앗의 껍질을 먹을 수 있지만
  제법 단단하다. 오일, 소금, 약간의 향신료와
  볶으면 맛이 괜찮지만 이가 튼튼해야 먹을 수 있다.
  맛있는 씨앗과 맛있는 호박 과육을 모두 원한다면
  스트리커Streaker나, 헐리스Hull-less 혹은 이트올Eat All
  같은 품종을 고르자.

+ 겨울호박꽃은 생으로 샐러드에 넣거나 속을 채워 오븐에
  구워도 되고, 튀겨서 먹을 수도 있다. 호박 열매가 몇 개
  맺힌 뒤에 암꽃과 수꽃을 따서 음식에 넣으면 되는데,
  종류에 따라 꽃에서 쓴맛이 나기도 하니 친구들에게
  대접하려면 미리 따서 맛을 보는 게 좋다.

수확량이 많다면

+ 겨울호박은 몇 달식 좋은 상태로 보존할 수 있다. 몇
  달이 지나도 다 먹지 못했다면 더 오래 보존할 방법이
  있다.

+ 삶아 으깬 호박 퓌레는 냉동 보관하기에 좋고, 호박
  과육을 깍둑썰기해 말려두면 1년 내내 수프 재료로
  이용할 수 있다.

+ 겨울호박으로 와인도 만들 수 있다.

고추

Capsicum annuum

너무 매워서 먹을 수 없을 정도의 고추부터 마켓
진열대를 예쁘게 장식한 피망까지,
세상에는 참 많은 종류의 고추가 있다. 고추류를 직접
키워 먹는 진정한 기쁨은 아마 마켓에서 볼 수 없는
종류를 맛보는 데 있지 않을까.

씨뿌리기	이른 봄, 난방된 곳에서
모종 심기	늦은 봄에는 온실이나 터널 안에서, 여름에는 야외에서 심는다.
수확	여름에서 가을까지
먹는 방법	여름에서 가을 사이에는 신선한 것을, 피클이나 말린 것, 얼린 것은 1년 내내 먹는다.

수확량

	한 포기당	1m²당
전체	1.5kg	4.5kg
1회	250g	750g

키우기

+ 고추는 처음부터 따뜻한 것을 좋아한다. 싹을 틔울 때는 18℃에서 24℃ 사이로 온도를 맞춘다. 밤낮 모두 따뜻한 온도를 유지해야 잘 성장한다. 낮 기온이 높더라도 밤에 추워진다면 성장이 느려지니 밤 동안 온도 유지에 신경 쓴다.

+ 기대 수확량은 크고 단맛이 나는 종류, 즉 피망이나 파프리카 종류를 기준으로 적었다. 작고 매운 고추들은 종류가 너무나도 다양하고 세분화되어 일반화하기 어렵다. 나는 조금만 매운 종류로 두세 그루 정도 심는다. 적당하게 매운 고추 중 내가 가장 키우기 좋아하는 종류는 헝가리 왁스 고추Hungarian hot wax다. 이 품종은 약간 서늘한 날씨에도 잘 적응하고 생산량도 많다.

+ 고추는 커다란 화분이나 텃밭 상자에서도 잘 자란다. 작물이 커가면서 약간의 액체 영양제가 필요하고, 물을 잘 줘야 한다. 화분에서 고추를 키우면 초반에는 야외에 내놓아 햇볕을 많이 받게 하고, 밤에는 실내로 들여와 추위를 피하는 게 좋다.

제로 웨이스트 팁

+ 고추 씨앗은 먹을 수 있지만 맵고 쓰다.

+ 과학적으로 검증되지는 않았지만 농작물 주변에 고추를 갈아두면 쥐의 피해를 막을 수 있다는 농부들의 경험담이 있다. 오래됐거나 실하지 못한 고추 열매는 불청객을 돌려보내는 데 이용해보자.

수확량이 많다면

+ 피망 종류는 얼려두기 좋다. 잘라서 트레이에 펼쳐 얼려도 되고, 오래 보존할 수 있도록 데치거나 오븐에 구워서 얼려도 좋다. 구워서 얼리면 맛이 더 좋아질 뿐 아니라 냉동실의 자리를 덜 차지한다.

+ 피망 종류든 매운 고추든 고추는 모두 피클이나 발효 음식을 만들기에 좋다. 저장해서 그대로 먹기에도 좋고, 다른 요리의 부재료로 이용하기에도 좋다. 고추 종류를 보관할 때 저장 용기에 어떤 품종인지 이름을 써 붙여두면 음식에 매운 고추를 너무 많이 넣는 실수를 막을 수 있다. 내가 온몸으로 고통스럽게 얻은 교훈이니, 독자들은 같은 실수를 하지 않기 바란다.

+ 매운 고추를 보관하는 가장 좋은 방법은 말리는 것이다. 따뜻하고 건조한 장소에서 고추를 모종째 거꾸로 매달았다가 필요할 때마다 하나둘씩 따면 된다. 전체적으로 잘 마른 다음에는 고추만 따서 밀봉해 보관한다.

열매채소

토마토

Lycoperscion esculentum

토마토는 아마 가정에서 키울 수 있는 채소 중 가장 맛이 좋고 활용도가
높은 작물이 아닐까 싶다. 다양한 품종을 골고루 심되 방울토마토와
커다란 스테이크 토마토는 잊지 말고 키우자. 샐러드부터 소스에
이르기까지 품종에 따라 다양한 용도로 토마토를 즐길 수 있을 것이다.

씨뿌리기 이른 봄 실내
모종 심기 늦은 봄에는
실내에서, 여름에는
야외에서 심는다.
수확 여름에서 가을까지
먹는 방법 여름에서 가을
사이는 신선한 것을
먹고, 얼리거나 가열
조리해 1년 내내
먹는다.

수확량

	방울토마토 한 포기당	일반 토마토 한 포기당	방울토마토 $1m^2$당	일반 토마토 $1m^2$당
전체	4kg	5kg	16kg	20kg
1회	200g	250g	800g	1kg

키우기

+ 곁에 나는 새순을 따줘야 하는 번거로움을 피하기 위해서는 나무처럼 자라는 품종을 택한다. 이런 종류가 열매를 조금 더 빨리 맺기 때문에 야외에서 키우기 좋다.

+ 야외에서 토마토를 키운다면 빠른 시일에 열매를 맺는 품종을 구할 것. 작물이 열매를 빨리 맺을수록 선선한 바깥 날씨에서도 잘 익는다.

+ 붉은 비닐로 멀칭을 한다. 붉은 비닐이 반사하는 빛은 열매 안의 당도를 높여 맛이 좋아진다.

+ 대략 이틀에 한 번 정도 열매를 딴다. 덜 익은 것을 따서 실내에 들여놓고 익게 한다면 덜 자주 따도 된다.

제로 웨이스트 팁

토마토를 키우다 보면 익지 않은 열매가 생기게 마련이다. 특히 여름이 짧거나 서늘한 지역에 산다면 더욱 그렇다. 녹색 토마토를 활용할 수 있는 방법을 소개해본다.

+ **그린 토마토 렐리시** 대부분의 처트니 레시피에 익은 토마토 대신 덜 익은 녹색 토마토를 넣을 수 있다. 다만 진한 맛과 달콤한 맛은 다소 적다. 붉은 토마토와 녹색 토마토를 반씩 섞으면 맛에는 큰 차이가 없으면서 덜 익는 녹색 토마토를 소비할 수 있다.

+ **그린 토마토 튀김** 토마토를 얇게 슬라이스해 반죽을 입혀 튀기거나 팬에 기름과 함께 지진다. 덜 익은 토마토를 소비하려고 이 요리를 시작했다가 오히려 이것이 먹고 싶어 익기도 전에 토마토를 따게 된다.

+ **베이크트 그린 토마토** 육류를 구울 때 가장자리에 그린 토마토를 둘러 함께 굽거나 올리브 오일을 발라 오븐에 구우면 맛있다. 큰 것은 잘라서 굽는다.

수확량이 많다면

토마토를 키우는 일에 익숙해지고 몇 그루 심어둔 것이 있다면, 샐러드나 피자에 넣는 것으로는 감당이 안 될 만큼 많은 토마토가 손에 들어올 것이다. 겨우내 부족하지 않을 만큼 토마토를 저장할 수 있다면 이보다 좋은 방법은 없을 것이다. 여기에 몇 가지 아이디어를 소개한다.

+ **토마토 병조림** 토마토에는 이미 산이 풍부해 대단한 준비 없이도 쉽게 만들 수 있다. 약간의 소금과 레몬을 유리병 바닥에 넣은 후 토마토를 거의 가득 채우고, 끓는 물을 잠기도록 부은 다음 밀봉한다. 이어서 유리병을 뜨거운 물에 45분 정도 넣어둔다.

+ **파사타** 쉽게 말해 토마토 퓌레다. 만들기도 간단하고 파는 것보다 훨씬 맛이 좋다. 토마토소스를 끓여서 체에 밭치거나 블렌더에 갈면 완성된다.

+ 토마토를 얼리는 방법은 아주 다양하지만 가장 쉬운 방법을 소개한다. 방울토마토를 트레이에 펼쳐 트레이째 냉동실에 얼린 다음 토마토가 얼면 하나씩 떼어 봉지나 통에 담아 냉동 보관하는 것이다. 필요할 때마다 원하는 만큼만 꺼내 이용할 수 있어 편리하다. 큰 토마토는 작게 잘라 얼리거나 소스로 만든 다음 소분해 얼린다.

옥수수

Zea mays

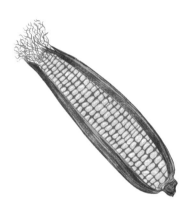

생육 기간이 짧은 스위트콘 품종이 등장하면서
서늘한 기후에서도 맛 좋은 옥수수를 키우는 것이
가능해졌다. 햇볕과 질 좋은 토양, 이 두 가지만
충족된다면 비교적 키우기가 쉽다. 달콤한 맛을
최대한 즐기려면 수확 직후 바로 먹어야 한다.

씨뿌리기	봄철에는 실내에서 화분에 뿌리고, 이른 여름에는 야외에 직접 뿌린다.
모종 심기	이른 여름
수확	늦은 여름에서 가을까지
먹는 방법	늦은 여름에서 가을 사이에는 신선한 것을 먹고, 얼리거나 피클로 만들어서 1년 내내 먹는다.

수확량

	한 그루당	1m²당
전체	한 자루	아홉 자루
1회	한 자루	세 자루

키우기

+ 옥수수는 땅에 바로 씨를 뿌릴 때 가장 잘 자란다. 하지만 땅에 바로 씨를 뿌리려면 봄 날씨가 충분히 따뜻해야 한다. 싹을 잘 틔우려면 15℃ 정도의 토양 온도가 적당하다. 조금 서늘한 지역이라면 종류에 따라 반드시 화분이나 커다란 모종판에 커버를 씌워 어느 정도 키워서 옮겨야 잘 크는 것들도 있다.

+ 옥수수는 대체로 씨를 뿌려 60일에서 100일이 지나야 다 자란다. 이 기간은 종자에 따라 달라지는데 씨앗 포장지에 며칠 정도 걸리는지가 적혀 있다. 물론 날씨도 어느 정도는 영향을 끼친다. 특히 옥수수가 익어가는 시기에는 충분한 햇볕이 필요하다.

+ 표에서 한 그루에 한 자루의 옥수수를 얻을 수 있다고 이야기했지만 이는 보수적으로 잡은 기대치이고 평균 한 그루당 1개 반 정도는 충분히 얻을 수 있다. 두 번째 것이 첫 번째보다 살짝 뒤늦게 여물기는 한다.

+ 옥수수는 바람을 통해 수분이 이뤄진다. 각 개체의 꼭대기에 달린 수꽃에서 꽃가루가 만들어지면 바람을 타고 다른 개체의 암컷 꽃으로 날아가서 수분이 된다는 뜻이다. 제 위치에 가서 꽃가루가 만나는 것은 운에 달렸다. 옥수수꽃의 가닥 하나하나가 나중에 옥수수 알갱이들로 자란다. 만약 옥수수를 수확했는데, 알이 반 정도밖에 여물지 않았다면 이는 수분이 부실했다는 뜻이다. 성공적인 수분이 이루어지려면 몇 그루의 옥수수를 함께 심어 구역을 이룰 필요가 있다. 주변에 옥수수가 많이 자라고 있다 하더라도 큰 문제가 되지는 않는다.

+ 수술 모양의 옥수수꽃이 자라서 밤색으로 변하면 수확해도 된다는 뜻이다.

+ 완두콩과 마찬가지 옥수수의 단맛 역시 수확과 동시에 급격히 떨어지므로 따는 즉시 조리하거나 냉동한다. 빠르면 빠를수록 좋다.

제로 웨이스트 팁

+ 옥수수의 원산지인 남아메리카에서 오래도록 이용해온 공간 활용 방법은 넝쿨을 타는 콩 종류를 함께 심어 옥수숫대를 타고 올라가게 하는 것이다. 이때 바닥에는 넝쿨이 뻗어나가는 여름 호박 종류를 함께 심을 수 있다. 이런 '세 자매' 공존 시스템은 건조한 기후에서는 아주 효과가 좋지만, 비가 많은 지역에서는 권장할 만하지 않다. 습한 지역에서는 모든 것이 너무나도 왕성하게 자라 세 가지 작물의 이파리가 서로 경쟁을 하기 때문이다.

수확량이 많다면

+ 옥수수는 거의 동시에 수확한다. 어떤 저장 방법이든 일단 옥수수자루에서 알갱이를 떼어내는 것으로 시작한다. 칼이나 전용 도구를 이용하도록 한다. 옥수수는 얼려두는 것만으로도 저장성이 좋지만 처트니나 렐리시(다져서 새콤달콤하게 초절이한 소스)로 만들면 상상 이상으로 맛이 좋다.

+ 옥수수는 피클을 만들거나 발효해 저장할 수 있다. 자연 상태로도 워낙 당도가 높기 때문에 피클 역시 달다. 옥수수 피클에 약간의 고추를 섞으면 달콤한 맛에 시원한 매운맛이 더해진다.

딸기

Fragaria X ananassa

딸기는 키우기 쉽고 심은 첫 해에도 실패 없이 수확할 수 있어 초보자에게 추천한다. 땅과 화분에서 모두 잘 자라니 발코니만 있어도 꼭 심어볼 것을 추천한다. 내가 특히 사랑하는 품종은 알파인 딸기인데, 6월에 열매를 맺는 종류에 비해 열매를 따는 것이 성가시다는 단점은 있다.

씨뿌리기	늦은 겨울(알파인 딸기)	
모종 심기	봄이나 늦은 여름(넝쿨형)	
수확	여름	
먹는 방법	여름에는 신선한 것을 먹고, 보관한 것은 연중 먹는다.	

수확량

	한 포기당	1m²당
전체	300g	1.75kg
1회	125g	300g

딸기 종류

딸기는 크게 네 종류로 구분할 수 있다.

작은 알파인 종류 알파인종은 씨앗에서부터
싹을 틔워 나무나 덤불 주변, 혹은 울타리 없는
경계에 녹색 두엄으로 옮겨 심을 수 있다. 해가
지날수록 열매의 크기는 점점 작아지겠지만
그래도 몇 해 동안은 계속 수확할 수 있다.

6월에 열매 맺는 종류 이 종류는 이른 여름철
한 번에 큰 수확을 낸다. 한 번에 모두 따야 하기
때문에 잔손은 덜 가는 편이고, 딸기를 저장할
계획이라면 적당한 품종이다.

사철딸기 이론상 이 종류는 여름 내내 딸기를
수확할 수 있다. 하지만 실제로 중간에 어느 정도
간격을 두고 두 번 수확한다고 보면 된다.

데이뉴트럴Day-neutral 일조량에 상관없이
생장하는 딸기 종 계량 사철딸기라고 보면
되는데, 여름 동안 세 번 정도 수확 가능하다.

키우기

+ 1m² 안에 대략 6개 정도의 모종을 심을 수 있다. 작물
  사이는 30cm 정도, 줄 사이는 60cm 정도 띈다.

+ 딸기 열매는 쉽게 상하기 때문에 건조하게 보관
  해야 한다. 예전부터 딸기는 지푸라기 위에 얹어
  보관해왔고, 이는 아주 좋은 방법이다.

+ 밭에 이랑을 만들어 심으면 뽀송하게 유지하는 데
  도움이 된다. 또한 열매가 이랑의 반대쪽 골을 향해
  매달리기 때문에 수확이 쉽다. 이랑 위에 모종을
  심을 때는 동그랗게 구멍을 만들어 그 안에 심는다.

이렇게 하면 모종 주위로 얕은 흙벽이 생겨 물을 줄
때 효율적이다.

제로 웨이스트 팁

+ 딸기 이파리와 줄기 역시 먹어도 된다. 하지만 맛은
  그리 좋은 편이 아니니 주스나 스무디를 만들 때
  이파리와 줄기를 함께 넣는 정도로 활용한다.
  손질 시간을 아끼고 쓰레기도 줄일 수 있다.

+ 딸기는 주변으로 넝쿨을 뻗치고 넝쿨이 흙에 뿌리를
  내린다. 처음에 심은 딸기의 수확을 유지하려면
  번식한 넝쿨을 잘라내야 한다. 하지만 잘라서 모두
  퇴비 더미에 넣지 말고 일부는 뿌리를 내리게 한 뒤
  화분에 심어 새로운 개체로 자라도록 한다.

수확량이 많다면

+ 딸기는 냉동을 해도 비교적 괜찮은 편이다. 하지만
  육질이 부드러운 다른 과일과 마찬가지로 얼렸다가
  녹으면 물컹해진다. 그래도 맛은 크게 달라지지
  않으므로 모양이 중요하지 않은 음식에 사용한다.

+ 딸기로 아이스크림과 소르베를 만들면 최고다. 하지만
  시간이 많이 걸리고 냉동실도 자리를 많이 차지한다.
  딸기가 많을 때 내가 가장 즐겨 만드는 디저트는
  딸기를 하나 가득 으깬 다음 그리크 요구르트와 섞고,
  견과류나 씨앗으로 장식하는 것이다.

+ 딸기를 말려서 보관하다가 간식에 곁들이면 농축된
  딸기 맛을 즐길 수 있다.

산딸기

Rubus idaeus

산딸기나무는 키우기 쉽다. 특히 닭을
함께 키우면 정말 잘 자라는데, 이는 닭이
산딸기나무의 천적인 솜털쑤시기부치의
번데기를 잡아 먹고, 퇴비를 제공하기 때문이다.

씨뿌리기 필요 없다.
묘목 심기 겨울
수확 여름이나 가을. 종류에 따라 달라진다.
먹는 방법 여름에서 가을 사이에는 신선한 것을
먹고, 저장해서 연중 내내 먹는다.

수확량

	한 그루당	1m²당
전체	500g	2.75kg
1회	90g	540g

키우기

+ 산딸기나무는 뿌리가 땅속에서 퍼지다가 중간중간 지상으로 튀어 올라온다. 심을 곳을 구체적으로 계획하는 것보다는, 한구석을 비워두고 산딸기가 알아서 채우게 하자.

+ 여름 열매는 플로리케인^{floricane}(2년 결실형)으로 이전 해에 난 가지에 열매가 열린 것, 가을 열매는 프리모케인^{primocane}(매년 결실형)으로 올해 새로 난 가지가 열매를 맺은 것이다.

+ 산딸기의 가장 큰 적은 딱정벌레다. 열매 일부가 쪼그라들면서 밤색과 검은색으로 변했다면 딱정벌레의 피해를 입은 것이다. 봄과 이른 여름에 산딸기 묘목 주변의 흙을 괭이로 파 애벌레들이 땅 밖으로 드러나게 해 새들이 잡아먹게 하면 피해가 준다.

제로 웨이스트 팁

+ 산딸기잎은 차를 만들 수 있지만 허브 전문가에게 문의할 것. 특히 임산부라면 더 조심할 필요가 있다.

수확량이 많다면

+ 산딸기를 말려 차나 시리얼에 넣는다.
+ 잼으로 만들어도 좋고, 얼려도 좋다.

사과와 배

Maldus domestica, Pyrus spp.

사과와 배는 비교적 키우기가 쉬운 과일나무이고, 다양한
기후대와 상황에서도 적응을 잘한다. 공간이 넓지 않다면 작은
나무 정도는 화분에서도 잘 자랄 수 있다. 정원의 공간을 최대한
이용하려면 벽이나 담장을 따라 줄지어 심는다.

씨뿌리기	필요 없다.	
묘목 심기	베어 루트bare root(흙이 없는 뿌리 묘목)로는 겨울철 휴면기에 심고, 화분에서 자란 묘목은 1년 내내 심는다.	
수확	늦은 여름에서 겨울까지	
먹는 방법	늦은 여름에서 겨울 사이에는 신선한 것을 먹고, 겨울에서 이른 봄 사이에는 저장한 것을 먹는다.	

수확량

	한 그루당	1m²당
'M9' 사과나 '퀸스 C' 배를 대목으로 한 작은 나무	11~18kg	1.2~2kg
'M25' 사과나 '커뮤니스' 배를 대목으로 한 큰 나무	90kg	1.75kg

키우기

+ 비록 품종에 따라 크기가 제각각이긴 하지만, 나무 뿌리의 최종 크기는 꺾꽂이의 바탕이 되는 대목에 따라 달라진다. 화분이나 작은 정원에 심으려면 키가 작은 대목을 선택해야 한다. 정원에 충분한 공간이 있다면 왕성하게 잘 자라는 대목이 나무를 크게 자라게 할 것이다.

+ 토양의 질에 따라서도 나무 크기가 달라진다. 토양이 부실하면 이를 만회할 튼튼한 대목을 구해 심자. 반면에 아주 비옥한 토양에서는 조금 약한 뿌리도 금세 번성한다.

+ 뿌리가 왕성하고 튼튼해야 열매의 맛도 좋다. 나의 과실수 스승인 매슈 윌슨 농부는 뿌리가 약하고 여린 나무의 과일을 먼저 팔고, 굵고 튼튼한 나무에서 자란 과일은 저장성이 좋아 나중에 판다고 한다.

+ 사과와 배를 수분하려면 다른 품종의 나무가 필요하다. 대부분의 경우 이웃집 정원이나 울타리 삼아 심어둔 야생 꽃사과로 충분하다. 하지만 외딴 곳에 살고 있어 이웃 사과나무가 몇 킬로미터 이상 떨어져 있다면 묘목을 살 때부터 '수분 그룹', 즉 꽃이 피는 날짜별로 사과를 분류해 날짜별로 정리한 리스트를 확인해야 한다.

+ 종류에 관한 조언은 자제하겠다. 지구에 7000가지가 넘는 사과 품종이 있다고 하니 감히 무슨 말을 할 수 있겠는가. 나는 주로 흙에 들어가는 영양분이나 병충해에 크게 영향을 받지 않고 안정적으로 수확할 수 있는 품종을 고른다. 아주 오래된 품종 몇 가지는 수확물이 실망스러우니 피한다. 하지만 과학기술의 힘으로 상업화된 개량종 중에도 개인 정원에서는 잘 자라지 않는 것이 있다.

+ 심고 싶은 모든 것을 정원에 심는 것은 결코 쉬운 일이 아니다. 사과와 배는 정원의 어떤 구석에 심어도 되기 때문에 좁은 공간을 활용할 수 있다. 굳이 사과밭을 이루지 않더라도 벽이나 담에 딱 붙어 자라는 방식으로 심어도 되고, 그늘이나 바람막이가 필요한 농작물 옆에 벽처럼 심어도 잘 자랄 수 있다.

+ 가지치기에 지레 겁을 먹지 말자. 일단 배우면 그리 어렵지 않다.

수확량이 많다면

+ 사과나 배가 조금 남으면 크럼블이나 처트니, 혹은 케이크에 이용하면 된다. 씨 부분을 파내고 슬라이스한 링 모양으로 사과를 말리면 훌륭한 간식이 된다.

+ 일단 나무가 제대로 열매를 맺기 시작하면 수확량은 감당하기 쉽지 않을 것이다. 그렇다면 주스를 만들자. 보통 사과나 배 1kg에서 0.5리터 정도 주스가 나온다. 주스는 그 자리에서 바로 마실 때 가장 맛있고, 냉장고에 며칠 보관할 수 있다. 주스를 오래 보관하고 싶으면 저온 살균을 해야 한다. 주스의 양이 많지 않다면 소스 팬에 넣어 가열하면 된다.

+ 사과가 많으면 사과주apple cider를 직접 만들어볼 수도 있다(영국과 호주에서 애플 사이더는 사과로 만든 알코올 음료를 말하고, 미국에서는 사과 주스를 말한다). 사과주를 만들면 많은 양의 사과를 한 번에 이용할 수도 있고, 멍이 들거나 손상된 사과까지 모두 먹을 수 있어 더욱 좋다.

자두

Prunus spp.

자두도 초보자에게 적합하다. 세심한
주의가 필요하지 않고 열매의 색상이
화려해 눈도 즐겁다.

씨뿌리기	필요 없다.	
묘목 심기	베어 루트 묘목은 겨울 휴면기 동안 심고, 화분에서 옮기는 것은 연중 가능하다.	
수확	여름	
먹는 방법	여름철에는 신선한 것을 먹고, 저장한 것은 연중 먹을 수 있다.	

수확량

	한 그루당	1m²당
'픽시Pixy'를 대목으로 한 작은 나무	10~15g	2~3kg
'세인트 줄리엔 에이 St. Julien A'를 대목으로 한 큰 나무	18~25g	2~2.75kg

키우기

+ 첫해에는 물을 잘 줘야 한다. 1, 2주에 한 번씩
  뿌리 주변이 흠뻑 젖도록 물을 주어 천연 멀칭으로
  덮어두면 잘 자란다.
+ 자두를 키울 때 열매의 무게를 이기지 못하고 가지가
  부러질 수 있다는 점을 염두에 둬야 한다. 자두가
  많이 열린 해에는 3분의 1 정도 미리 딴다. 열매와
  열매 사이에는 7cm 정도의 거리를 둔다.
+ 늦은 봄이나 이른 여름에 가지치기를 한다. 일단
  흙에 제대로 자리를 잡고 나면 대부분의 자두나무는
  가지치기가 필요하다.
+ 자두를 딸 때 한 가지 조심해야 할 것이 말벌이다.
  말벌은 자두를 몹시 사랑한다.

제로 웨이스트 팁

+ 공간을 최대한으로 활용하려면 체리 플럼(자엽꽃자두,
  미로발란 살구)을 심어보자. 훌륭한 울타리 역할을 할
  뿐 아니라 작고 맛이 진한 자두를 수확할 수 있다.

수확량이 많다면

+ 자두는 잼이나 콩포트 같은 병조림을 하기에 좋은
  과일이다. 혹은 말려서 프룬으로 만들어도 좋다.
+ 자두는 다양한 음료의 재료로도 이용할 수 있다.

포도

Vitis vinifera

포도는 내 마음속 특별한 과일이다. 슈퍼마켓에
가면 단단하고 밍밍한 맛의 포도가 사철
가득하지만, 직접 키운 풍미가 가득한 포도를
맛보는 즐거움은 어떤 것에도 비할 바가 없다.

씨뿌리기 필요 없다.
묘목 심기 봄
수확 여름에서 이른 가을까지
먹는 방법 여름과 이른 가을에는 신선한 것을
먹고, 저장한 것은 연중 먹는다.

수확량

	한 그루당	1m²당
전체	5~10kg	1.6~3.25kg

키우기

+ 포도 품종을 고르기 전에 와인을 만들 포도를 키울지,
  열매를 먹을 포도를 키울지 먼저 정한다. 조금 선선한
  기후에서는 여름이 길고 무덥지 않아도 어느 정도
  수확량을 보장하는 화이트 품종을 고르거나 온실이나
  터널에서 키우는 편이 안전하다. 가정용으로 많이
  심는 씨 있는 품종은 추운 날씨에 잘 버티는 편이다.

+ 포도는 넝쿨을 타고 올라가기 때문에 지지대가
  필요하다. 포도 넝쿨은 아주 유연해서 모양을
  잡아주는 대로 자란다. 포도 넝쿨의 지지대 모양은
  주인 마음대로 연출하면 그 모양대로 포도가 자란다.

+ 포도송이를 솎아주면 더욱 알찬 열매를 얻는다.

제로 웨이스트 팁

+ 포도 넝쿨의 잎 역시 식재료다. 잎 속에 소를
  채워 조리해도 되고 볶음 요리나 오믈렛에 시금치
  대용으로도 이용할 수 있다.

수확량이 많다면

+ 와인을 만들어도 되지만 신선한 포도 주스도 맛있다.
  포도를 말려 건포도를 만들어도 좋다.

멜론

Melo spp.

태양의 축복을 한껏 받아 잘 익은 신선한
멜론은 천국의 맛이다. 멜론을 키우려면 양질의
토양, 따뜻한 온도와 많은 양의 물이 필요하다.
서늘한 기후에서는 온실이나 터널이 필요하다.

씨뿌리기 봄철에는 화분에 씨를 뿌리며, 좀 더
　　　　　 더운 날씨에는 땅에 바로 뿌린다.
모종 심기 이른 여름
수확 여름에서 이른 가을까지
먹는 방법 여름에서 가을 사이에 신선한 것을
　　　　　 먹는다.

수확량

	한 포기당	1m²당
전체	6kg	3kg
1회	2kg	1kg

키우기

+ 새로 나온 품종들은 조금 서늘한 북부 지방에서도 키우기가 쉬워졌다고 한다. 하지만 생장 시간이 짧은 종류를 찾아야 힘이 덜 든다.

+ 멜론씨가 싹을 틔우려면 25~32℃, 자라는 데에는 21℃ 이상의 온도가 유지되어야 한다. 밤 기온이 10℃ 아래로 계속 떨어진다면 멜론이 맛있게 자라지 못한다.

+ 아주 더운 날씨에는 멜론꽃이 죽기도 하는데, 약간 시원하게 해주면 회복할 수 있다.

+ 멜론은 한 번 물을 줄 때 많이 주고, 자주 주지 않는다. 일주일에 한 번이나 두 번 정도 넉넉하게 주면 적당하다.

제로 웨이스트 팁

+ 멜론은 저장성이 좋지 않다. 수확 즉시 바로 먹는 것이 가장 좋다.

수확량이 많다면

+ 멜론 주스는 정말 맛있다. 주스를 얼려 아이스 바로 만든 것도 맛있다.

+ 얇게 썰어 건조기나 저온의 오븐에 말리면 좋은 간식거리가 된다.

블루베리

Vaccinium spp.

씨뿌리기	필요 없다.
묘목 심기	가을이나 겨울, 묘목이 휴면 중일 때 심는다.
수확	여름
먹는 방법	여름에는 신선한 것을 먹고, 얼리거나 저장해서 연중 먹는다.

마당에 블루베리를 키우는 데
필요한 산성 토양이 없다면 화분에서 길러도 잘 자란다.

키우기

+ 블루베리는 pH 5~5.5 사이의 산성 토양을 좋아하고, pH 6까지는 그럭저럭 버틴다. 토양이 알칼리성에 가깝다면 산성 비료를 이용해 화분에서 키운다.

+ 빗물을 받아 물을 준다. 특히 화분에 키우고, 수돗물이 경수라면 이 점이 매우 중요하다. 경수의 칼슘은 물을 알칼리성으로 만들기 때문에 블루베리를 키울 때는 좋지 않다.

+ 가지를 칠 때는 3분의 1 지점까지 잘라낸다.

제로 웨이스트 팁

+ 블루베리 열매는 한꺼번에 같이 익지 않는다. 수시로 들여다보며 익은 것이 눈에 띌 때마다 딴다.

수확량이 많다면

+ 케이크나 디저트에 잘 어울리고, 얼려도 좋다.

수확량

	한 그루당	1m²당
전체	3~8kg	750g~2kg
1회	750g	200~500g

커런트

Ribes rubrum

씨뿌리기	필요 없다.
모종 심기	늦은 가을이나 겨울, 휴면기 중에 심는다.
수확	여름
먹는 방법	여름철엔 신선한 것을 먹고, 얼리거나 저장한 것은 연중 먹을 수 있다.

커런트는 세상에서 가장 맛있는 과일 중 하나다. 나는 덤불에서 바로 딴 커런트를 사랑한다. 과일 향 가득한 푸딩이나 잼을 좋아한다면 반드시 심어야 할 작물이다. 심지어 키우기도 쉽고 열매도 하나 가득 열린다.

키우기

+ 덤불로 자라는 작물은 정기적으로 가지를 다듬어야 많은 수확을 낸다. 해마다 자라는 길이의 3분의 1 정도를 자르는 것이 일반적이다.
+ 새들도 커런트를 아주 좋아하기 때문에 그물로 덮어주는 것이 안전하다.
+ 커런트 나무들은 8년에서 10년 정도는 열매를 잘 맺다가 수확량이 확 줄어든다. 그때가 오면 새로 심는 것이 좋다. 만약 원래 있던 커런트 나무가 건강하다면 꺾꽂이 방법으로 새로운 개체를 키워낸다.

수확량이 많다면

+ 당연히 잼을 만든다! 코디얼(주스로 만들어 물에 타 먹는 음료)이나 와인 등의 재료로도 이용한다.
+ 말려서 허브 차나 비스킷 등을 만들 때 섞어 넣어도 된다. 물론 얼려도 된다.

수확량

	한 그루당	1m²당
블랙커런트	4.5kg	2.25kg
레드·화이트커런트	3.6kg	1.75kg

INDEX

베란다 화분에서도 키울 수 있는 작물

루콜라, 상추, 시금치, 콘 샐러드, 파 등 잎을 먹는 채소와 파슬리, 고수, 로즈메리, 타임 등 허브 종류, 방울토마토와 콩 중에 작게 자라는 왜성종은 베란다에서도 키울 수 있다. 가지와 토마토 등의 열매채소는 시도해 볼 수는 있으나 수확량이 많지 않다.

용어 정리

1세대 하이브리드 씨앗F1 hybrid seed 확인된 부모를 교배해 수확한 씨앗이다. 나머지 생장 환경이 완벽하게 받쳐준다면 1세대 하이브리드 씨앗은 대체로 왕성하게 자라 많은 수확물을 안겨주기 때문에 상업 농가에서 주로 이용한다. 하지만 유전형질이 모두 비슷한 탓에 환경이 열악할 경우 잘 버티지 못한다.

디깅digging 작물을 심기 전 삽 등의 도구로 땅을 파서 뒤집는 작업을 말한다.

떡잎seed leaves 씨앗이 싹을 틔울 때 종류에 따라 1개, 혹은 2개의 잎을 내미는데 이를 떡잎이라 한다. 이후에 자라는 본잎과 생김새가 다르다.

멀칭mulching 비닐이나 종이 박스 등으로 땅을 덮어 그 땅에 원래 자라던 식물을 정리하는 것을 말한다. 우리나라에서는 피복이라는 말도 쓴다.

모종판(모듈module **· 셀**cell**)** 아주 작은 화분이 이어져 있는 형태의 트레이. 작물을 번식할 때 공간을 아낄 수 있다.

바이오차biochar 산소 공급이 제한된 조건에서 태워낸 숯의 일종이다. 바이오차는 탄소를 토양 안에 고정하고 수분과 양분을 흙과 퇴비 안에 저장해 토양을 건강하게 한다.

베어 루트bare root 흙에서 키우던 나무를 뽑아서 심거나 유통하는 방법을 말한다. 흙이 털려서 나오는 상태라 베어 루트, 즉 '헐벗은 뿌리'라는 명칭이 붙었다. 양배추, 파 종류와 마찬가지로 과실수는 이 방식으로 심을 때 자리를 잘 잡는다.

본잎true leaves 떡잎 이후에 본격적으로 자라나는 잎. 농사 관련 책을 보면 "본잎이 3~4개 정도 날 즈음에 야외로 옮겨 심는다"라는 표현을 종종 볼 수 있다.

블랜치blanch 조리에서 블랜치는 살짝 데친다는 뜻이다. 농사에서 블랜치는 작물이 자라는 중에 햇빛을 가려서 여리고 부드러운 질감으로 키우는 것을 말한다. 셀러리 줄기에 종이를 감거나 루바브를 어두운 곳에서 키우는 것이 그 예다.

뿌리박다rootbound 작물의 뿌리가 화분이나 모종판에 비해 너무 커진 상태를 말한다. 공간이 좁아 뿌리가 작물 주변을 감아드는 모양으로 자라기도 하며 생장에 큰 스트레스를 주기 때문에 옮겨 심은 뒤에도 잘 못 자랄 위험이 있다.

루트 스톡root stock 접붙이기 할 때 지지대가 되는 되는 나무로 우리나라에서는 대목(한자넣어주세요)이라고 부른다.

시드베드seedbed **(못자리·파종상)** 씨앗을 뿌리기 위해 준비해둔 땅.

싹 심기prick out 새싹을 모종판이나 화분에 심는 것을 말한다. 새싹의 줄기나 뿌리가 상하지 않도록 조심스럽게 해야 하는 작업이다.

웃자라다bolt 작물이 이르게 꽃을 피우고 씨를 맺는 것을 말한다. 대개 너무 덥거나, 건조하거나, 덥고 건조한 날씨가 원인이다.

자연수분Open Pollinated 가루받이가 저절로 이루어지는 작물로 씨앗을 받아 다시 심으면 같은 종류의 작물을 수확할 수 있다. 유전형질의 다양성에 따라 여러 환경에서 얼마나 잘 견디는지가 결정된다.

접붙이기grafting 서로 다른 두 가지 작물을 이어 붙이는 것을 말한다. 대개는 한 작물의 뿌리와 다른 작물의 줄기를 이어 붙인다.

클로슈cloche 미니 온실이나 터널처럼 작물을 추위나 바람으로부터 보호해주는 투명한 덮개를 말한다.

트레포일trefoil 단어의 뜻은 클로버처럼 세 잎으로 된 풀을 말하는데, 이외에도 땅을 비옥하게 하기 위해 심는 콩과작물로 이해하면 된다.

감수 정영선
조경가. 희원, 선유도공원, 아시아선수촌아파트 등 우리나라 정원의 역사를 쓴 주인공이다.
여든 살이 넘은 나이에도 땅과 풀을 아이 다루 듯하며 현장에서 일한다.

옮긴이 허원
이화여자대학교 불어불문학과를 졸업하고 중앙M&B(현 제이콘텐트리)에서 에디터로 일했다.
옮긴 책으로 〈나의 아들은 페미니스트로 자랄 것이다〉, 〈하우스 와이프 2.0〉, 〈온라인 걸 1, 2〉 등이 있다.

제로 웨이스트 가드닝

초판 1쇄 발행 2021년 9월 14일
초판 2쇄 발행 2024년 4월 14일

지은이 벤 래스킨
옮긴이 허원

펴낸 곳 브.레드
책임 편집 이나래
감수 정영선
교정·교열 전남희
일러스트 앨리스 패툴로
디자인 아트퍼블리케이션 디자인 고흐
마케팅 김태정
인쇄 (주)알래스카인디고

출판 신고 2017년 6월 8일 제2017-000113호
주소 서울시 중구 퇴계로 41길 39 703호
전화 02-6242-9516
팩스 02-6280-9517
이메일 breadbook.info@gmail.com

ISBN 979-11-90920-16-2-13590
값 18,000원